TRAITÉ

DE

STÉRÉOTOMIE.

Planches.

TRAITÉ
DE
STÉRÉOTOMIE,

COMPRENANT

LES APPLICATIONS DE LA GÉOMÉTRIE DESCRIPTIVE

A

LA THÉORIE DES OMBRES, LA PERSPECTIVE LINÉAIRE, LA GNOMONIQUE, LA COUPE DES PIERRES ET LA CHARPENTE,

AVEC UN ATLAS COMPOSÉ DE 74 PLANCHES IN-FOLIO,

Par M. C.-F.-A. LEROY,
Ancien Professeur à l'École Polytechnique et à l'École Normale supérieure,
Chevalier de la Légion d'honneur.

SEPTIÈME ÉDITION, REVUE ET ANNOTÉE

Par M. E. MARTELET,
Ancien Élève de l'École Polytechnique, ex-Officier d'Artillerie, Professeur de Géométrie descriptive à l'École Centrale des Arts et Manufactures, ancien Professeur au Conservatoire des Arts et Métiers.

Tome Deuxième. — Atlas.

PARIS,
GAUTHIER-VILLARS, IMPRIMEUR-LIBRAIRE
DU BUREAU DES LONGITUDES, DE L'ÉCOLE POLYTECHNIQUE, DE L'ÉCOLE CENTRALE DES ARTS ET MANUFACTURES,
SUCCESSEUR DE MALLET-BACHELIER,
Quai des Augustins, 55.

1877

LIBRAIRIE DE GAUTHIER-VILLARS.

AVIS AU RELIEUR.

Mettez en regard les planches. . . . 7 et 8, 23 et 24, 35 et 36, 56 et 57.

PARIS. — IMPRIMERIE DE GAUTHIER-VILLARS, SUCCESSEUR DE MALLET-BACHELIER,
2072 Quai des Augustins, 55.

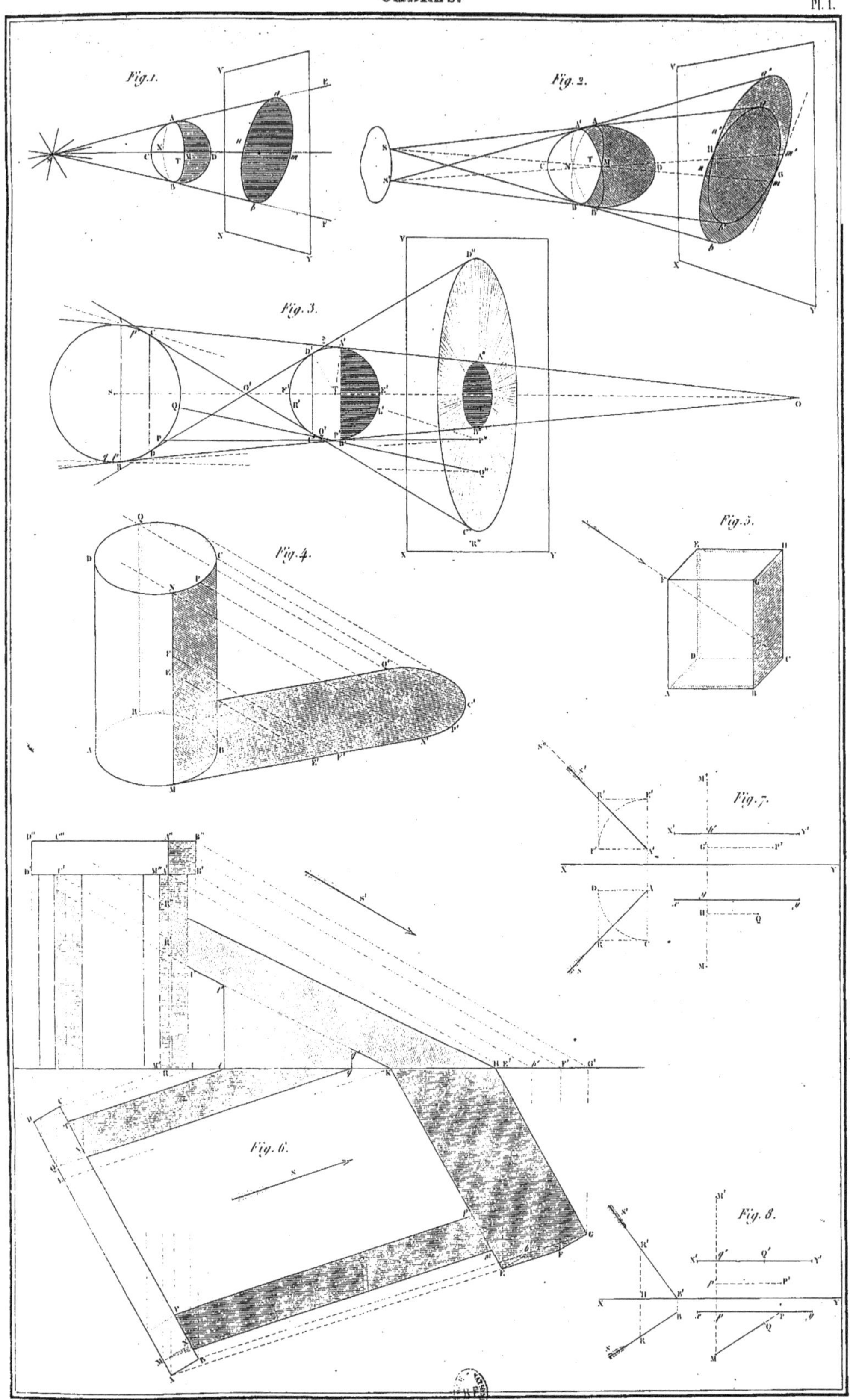
Fig. 1.
Fig. 2.
Fig. 3.
Fig. 4.
Fig. 5.
Fig. 6.
Fig. 7.
Fig. 8.

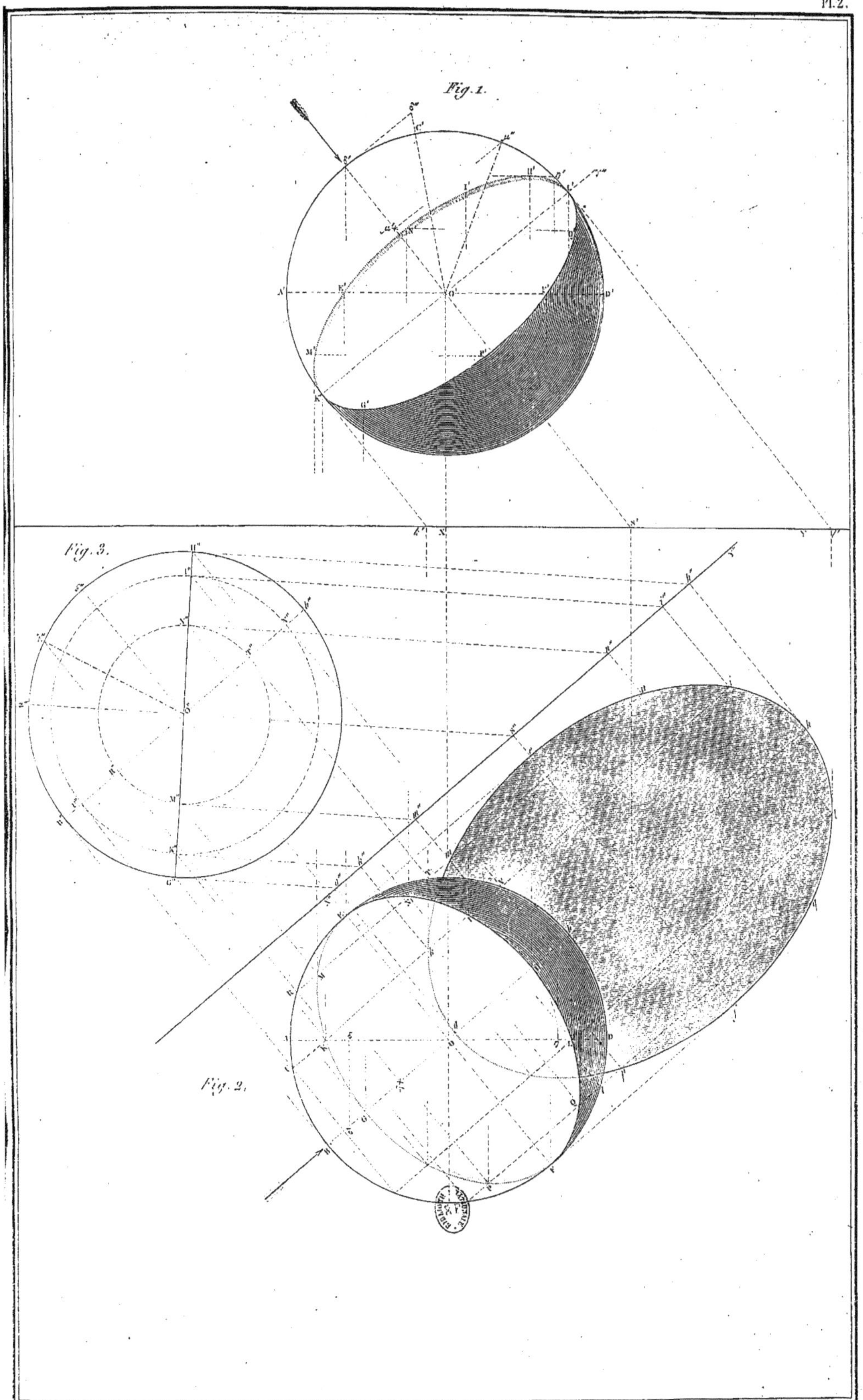

F. Leroy del.   Adam & Lemaître sc.

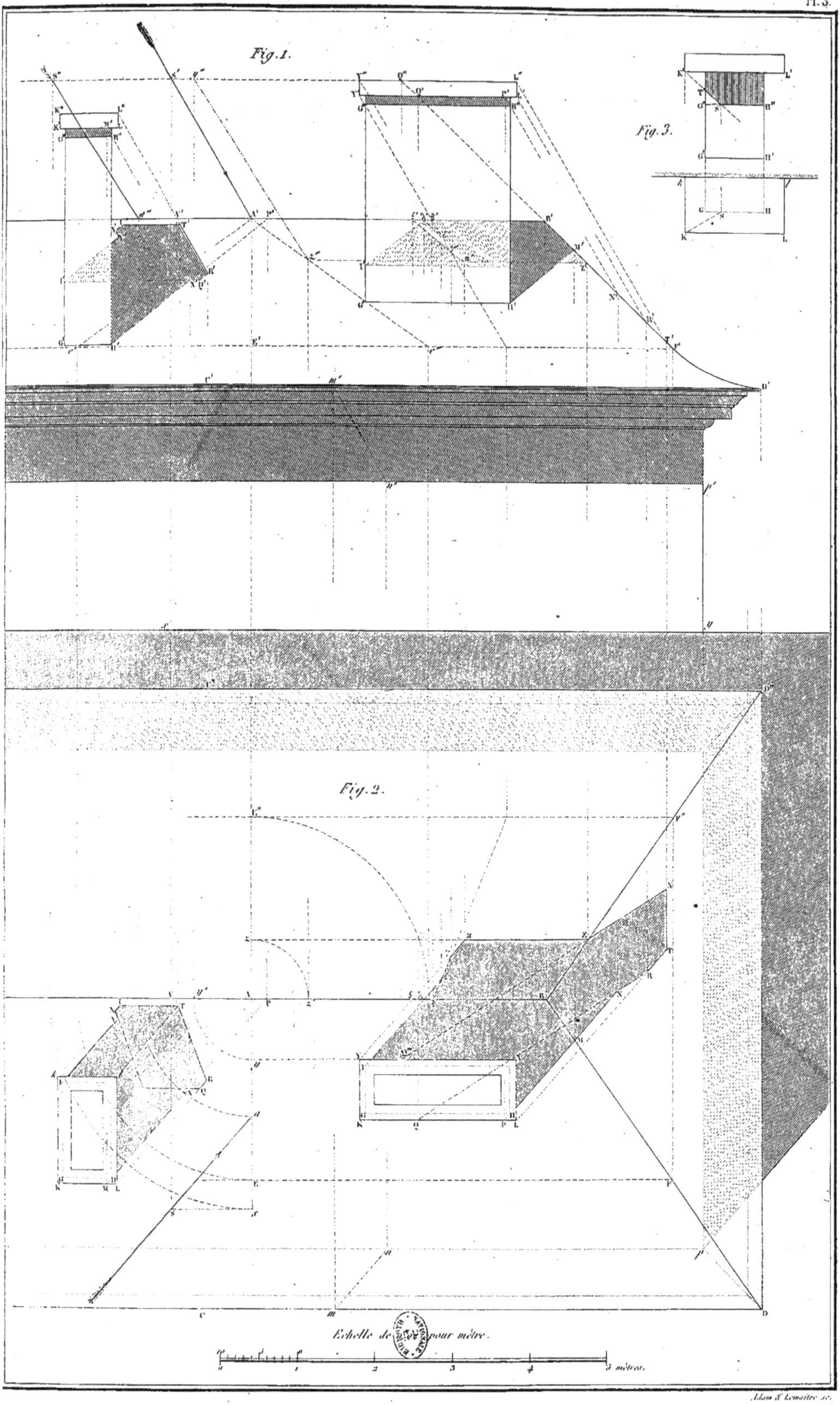
Fig. 1.
Fig. 2.
Fig. 3.
Echelle de
pour mètre.
0
1
2
3
4
5 mètres.

Adam & Lemaitre sc.

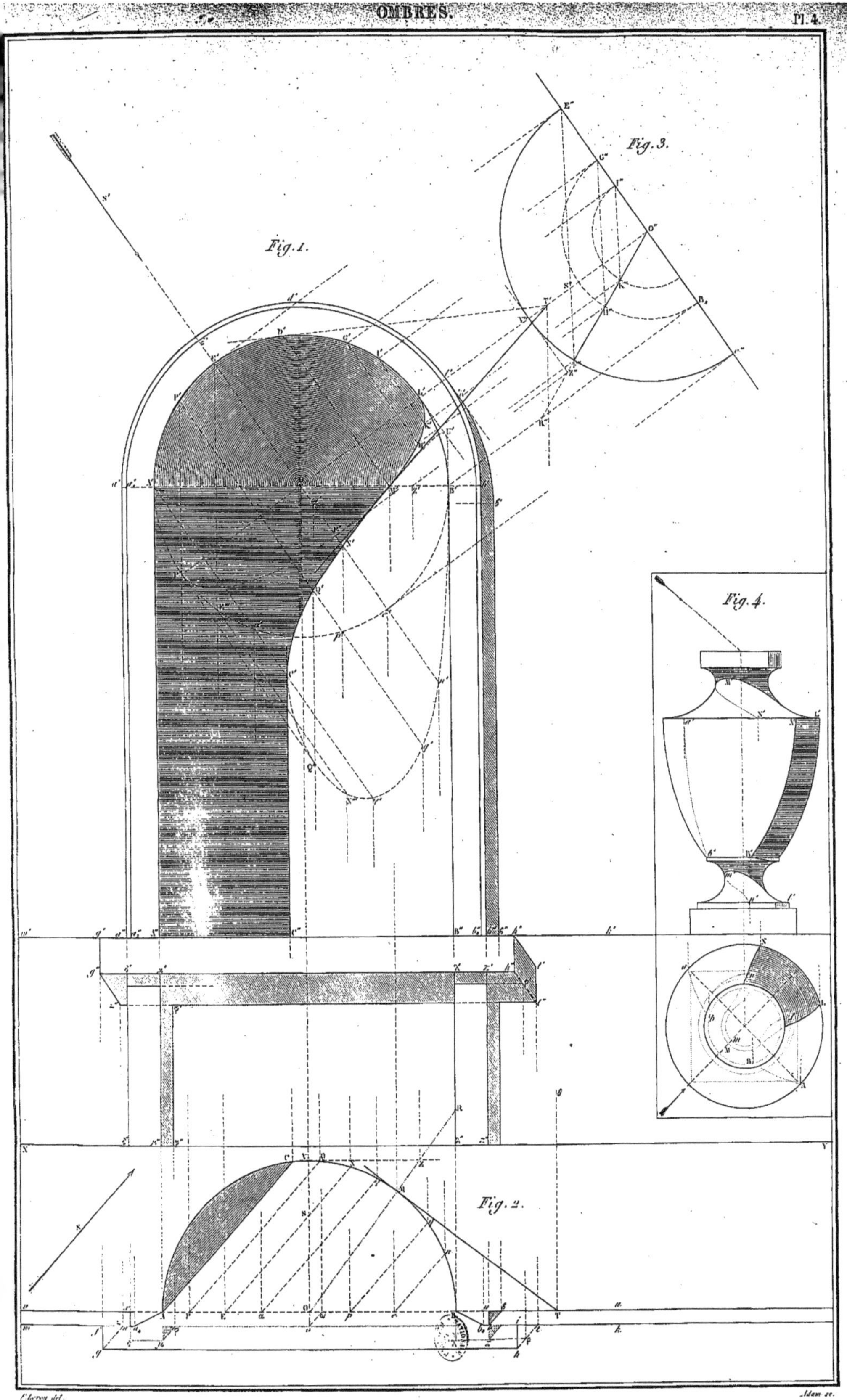

Leroy del. Adam sc.

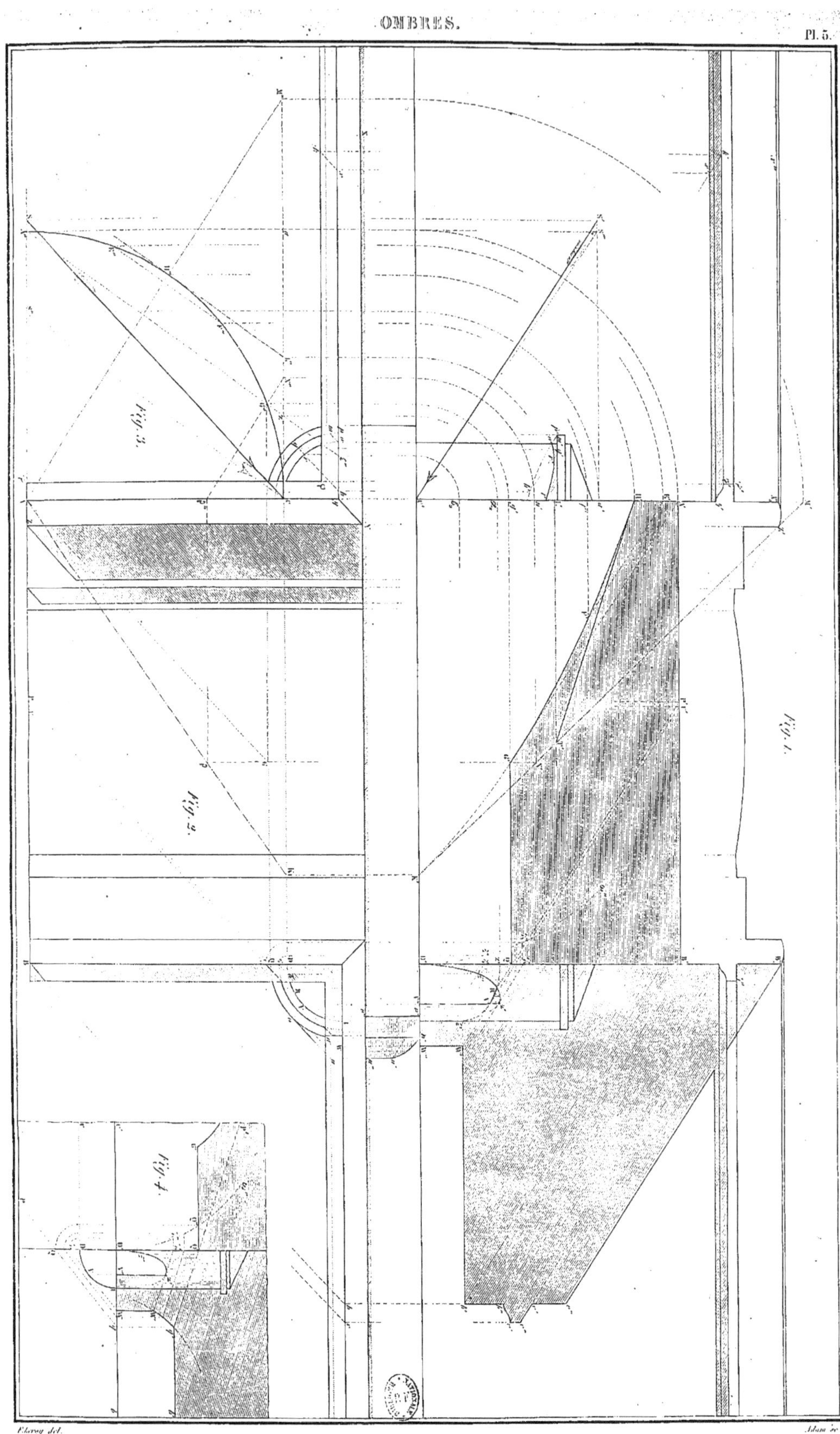
Fig. 1.
Fig. 2.
Fig. 3.
Fig. 4.

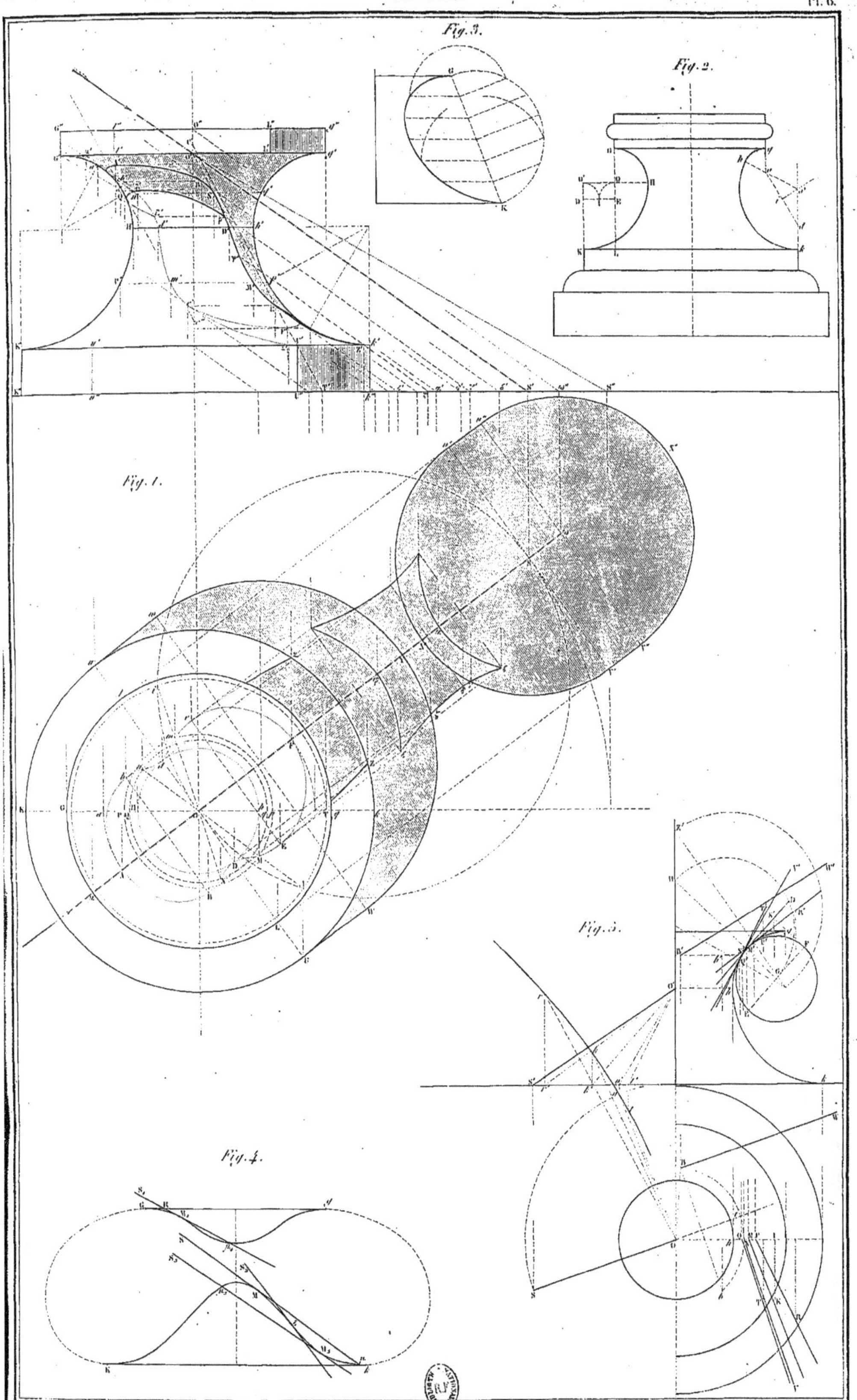
Fig. 1.
Fig. 2.
Fig. 3.
Fig. 4.
Fig. 5.

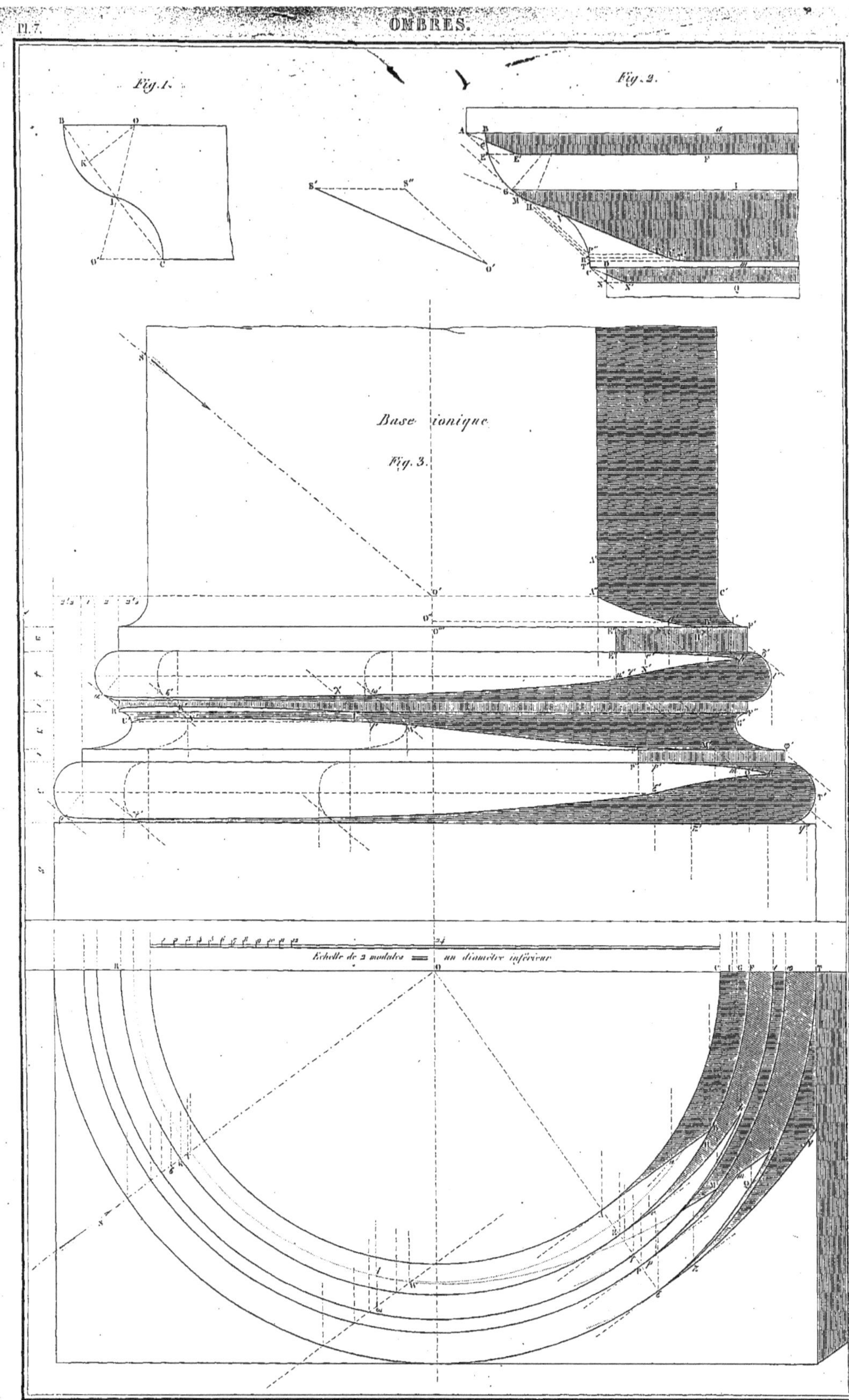
Fig. 1.
Fig. 2.
Base ionique
Fig. 3.
Echelle de 2 modules = un diamètre inférieur

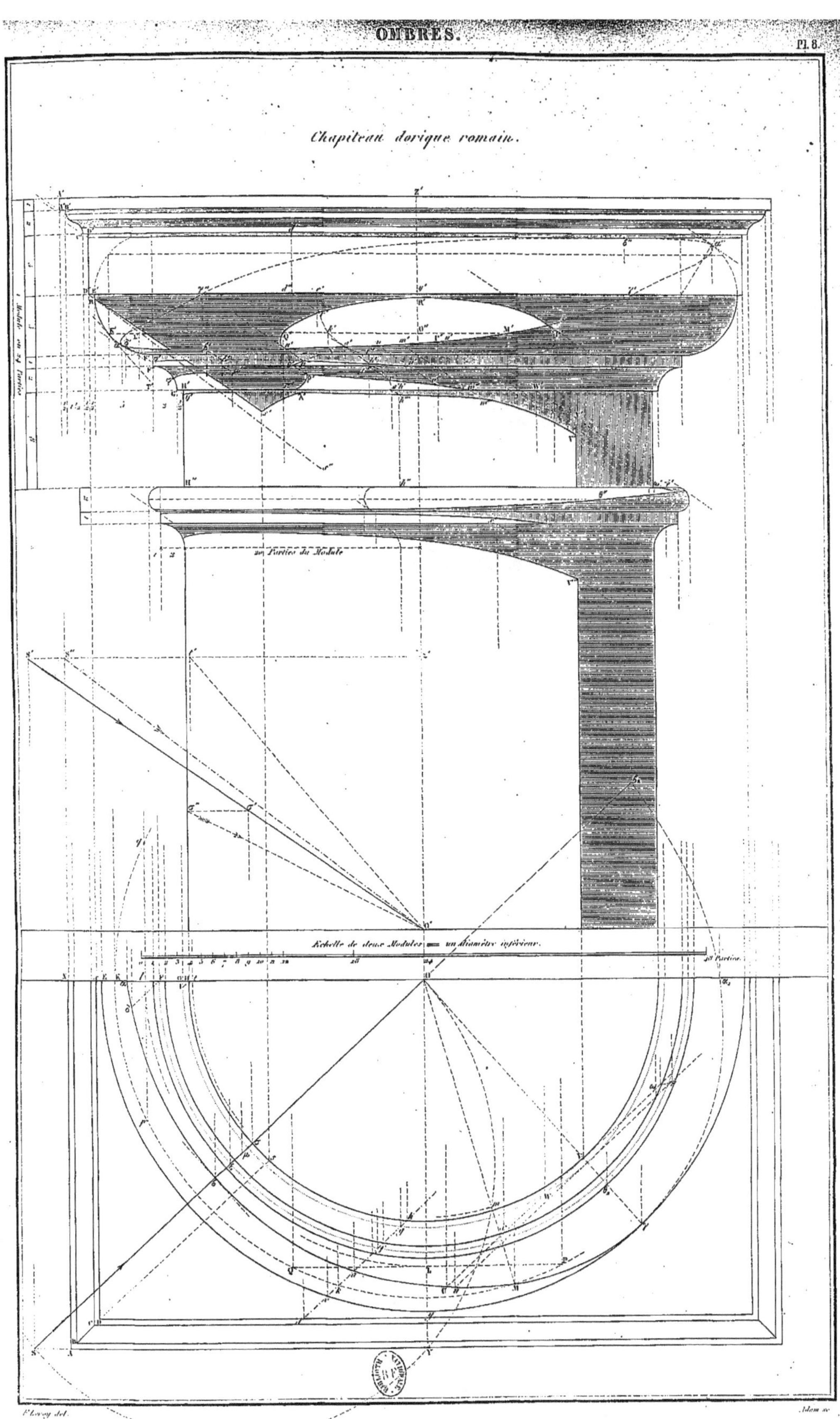
Chapiteau dorique romain.
1 Module ou 24 Parties
20 Parties du Module
Echelle de deux Modules = un diamètre inférieur.
24 Parties
F. Leroy del.
Adam sc.

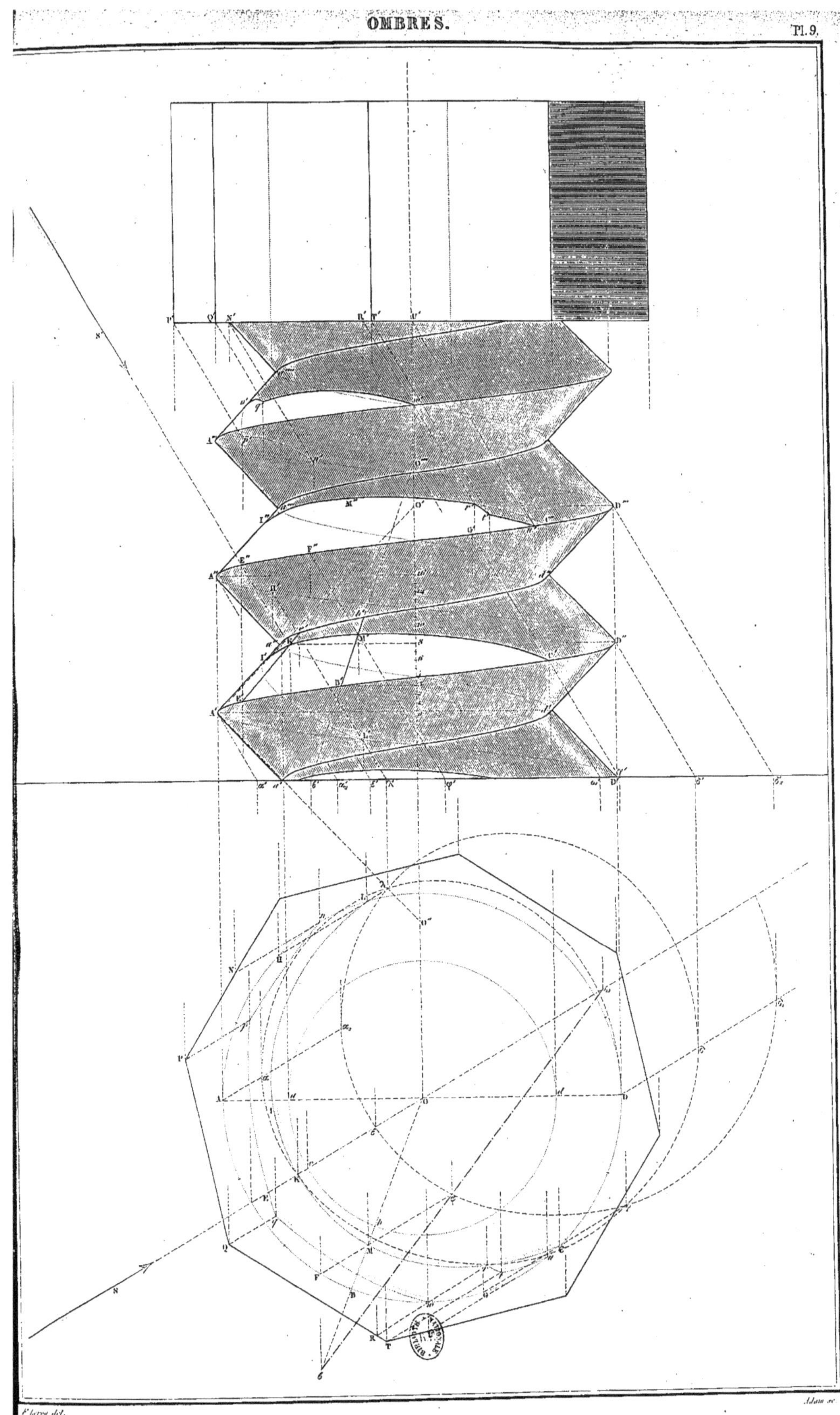

F. Lecoq del. Adam sc.

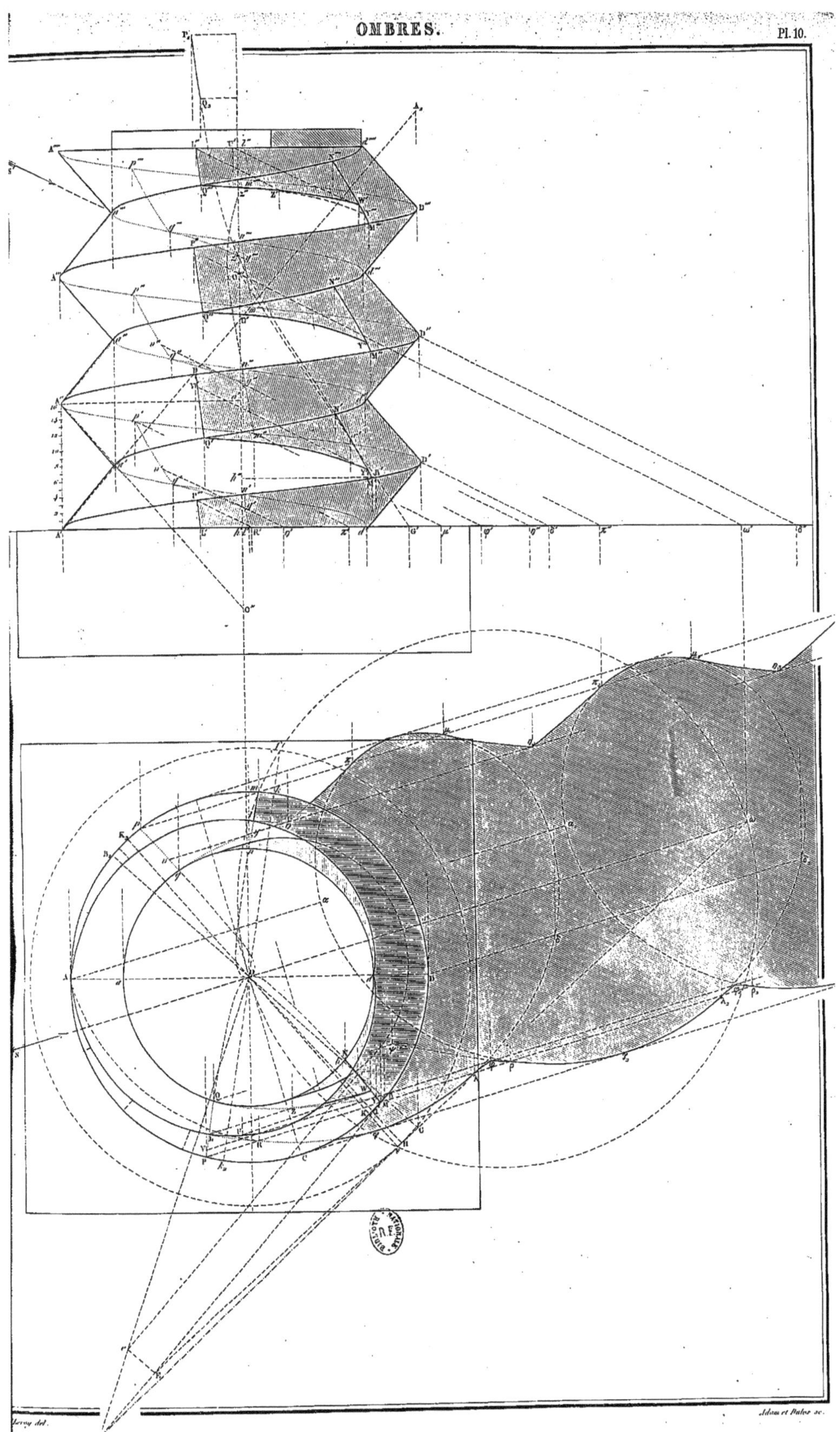

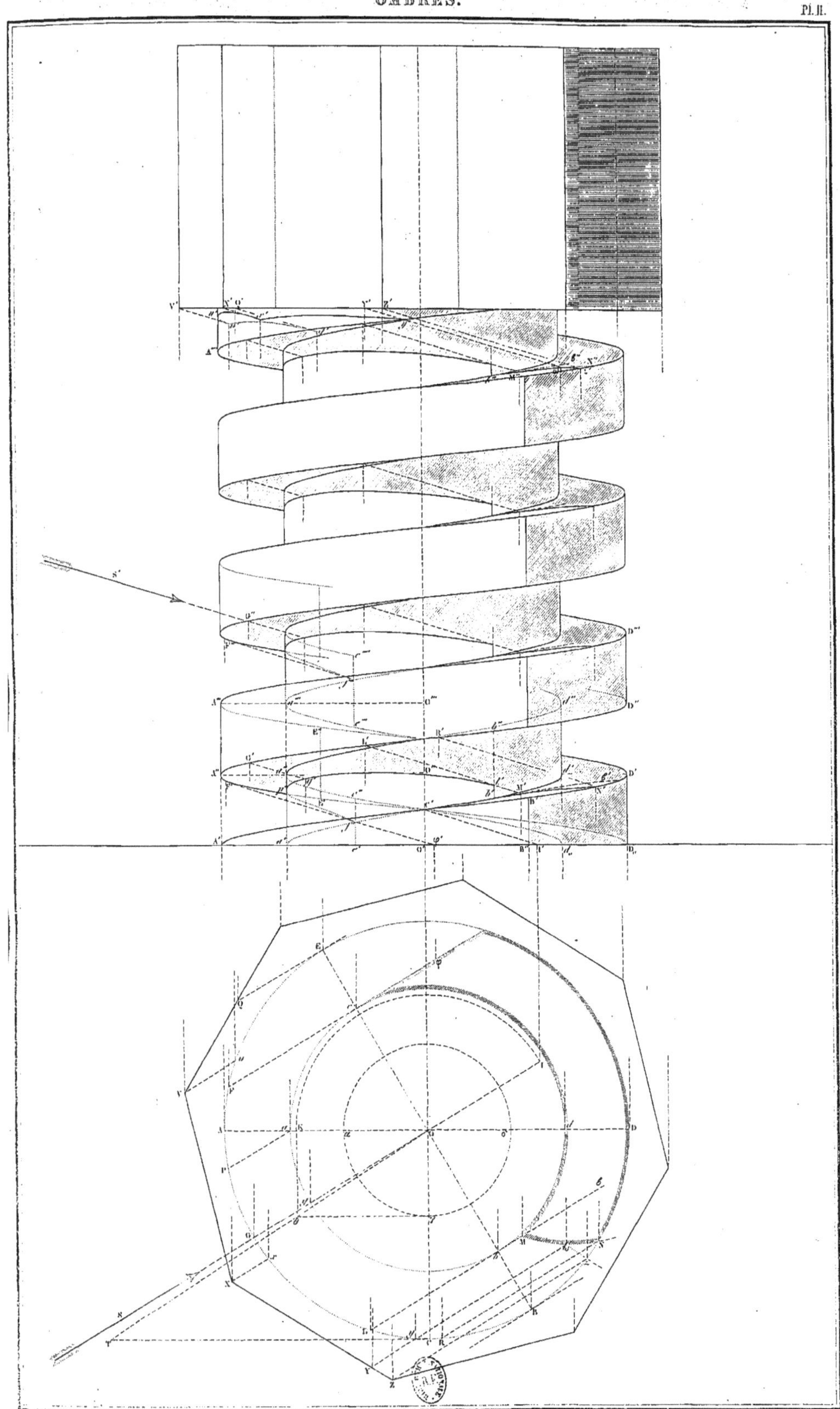

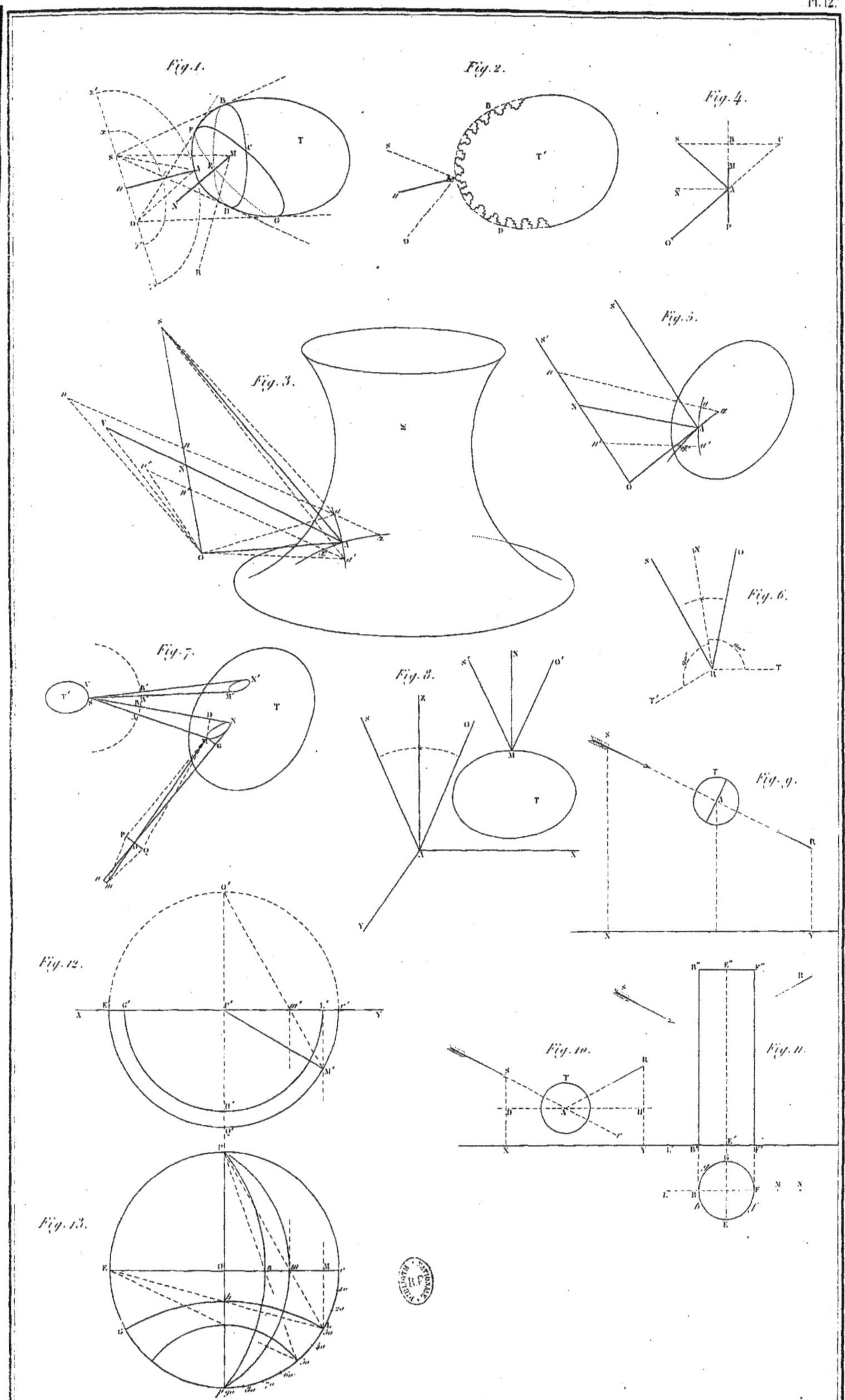

F. Leroy del. Adam et Dulos sc.

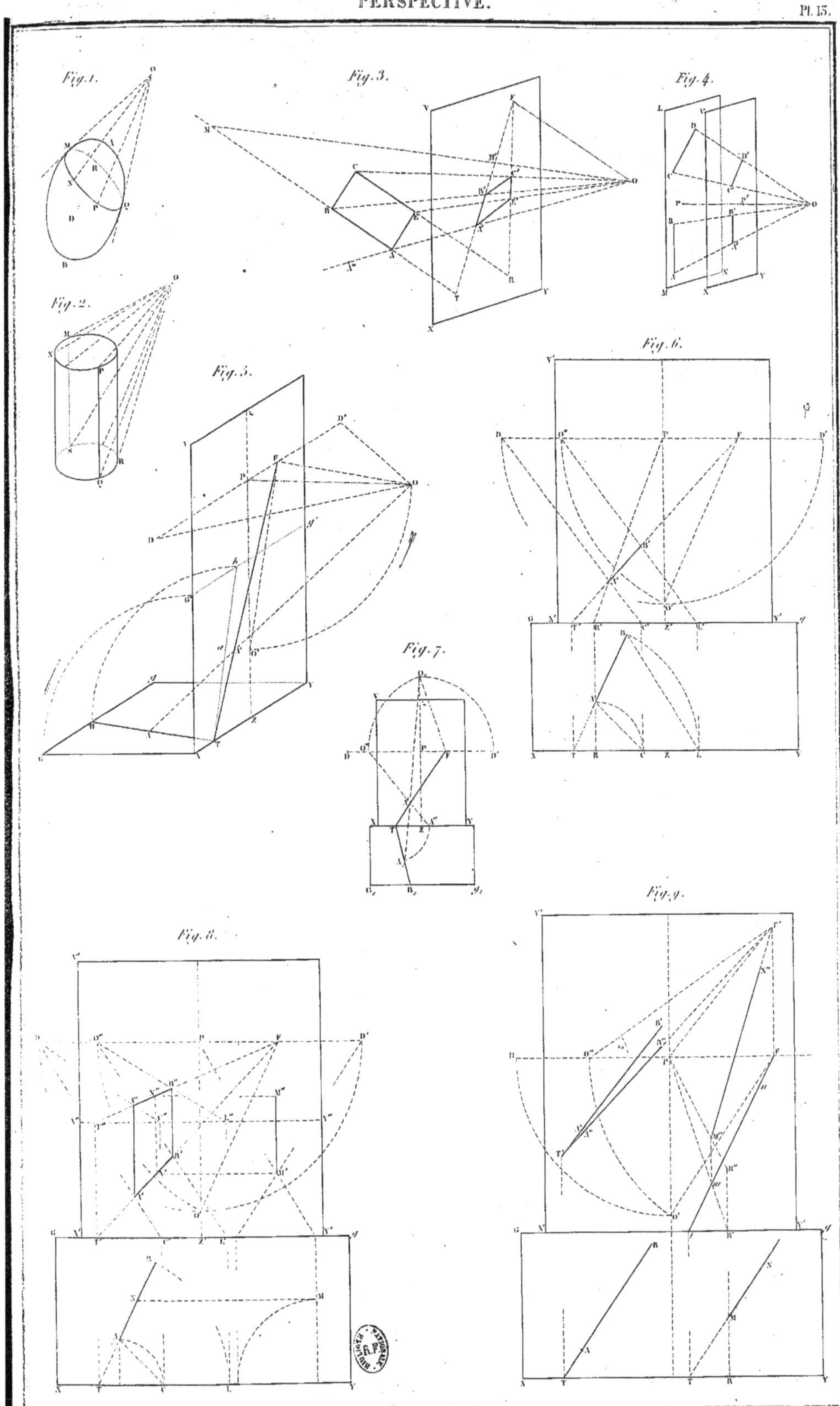

Adam et Dulos sc.

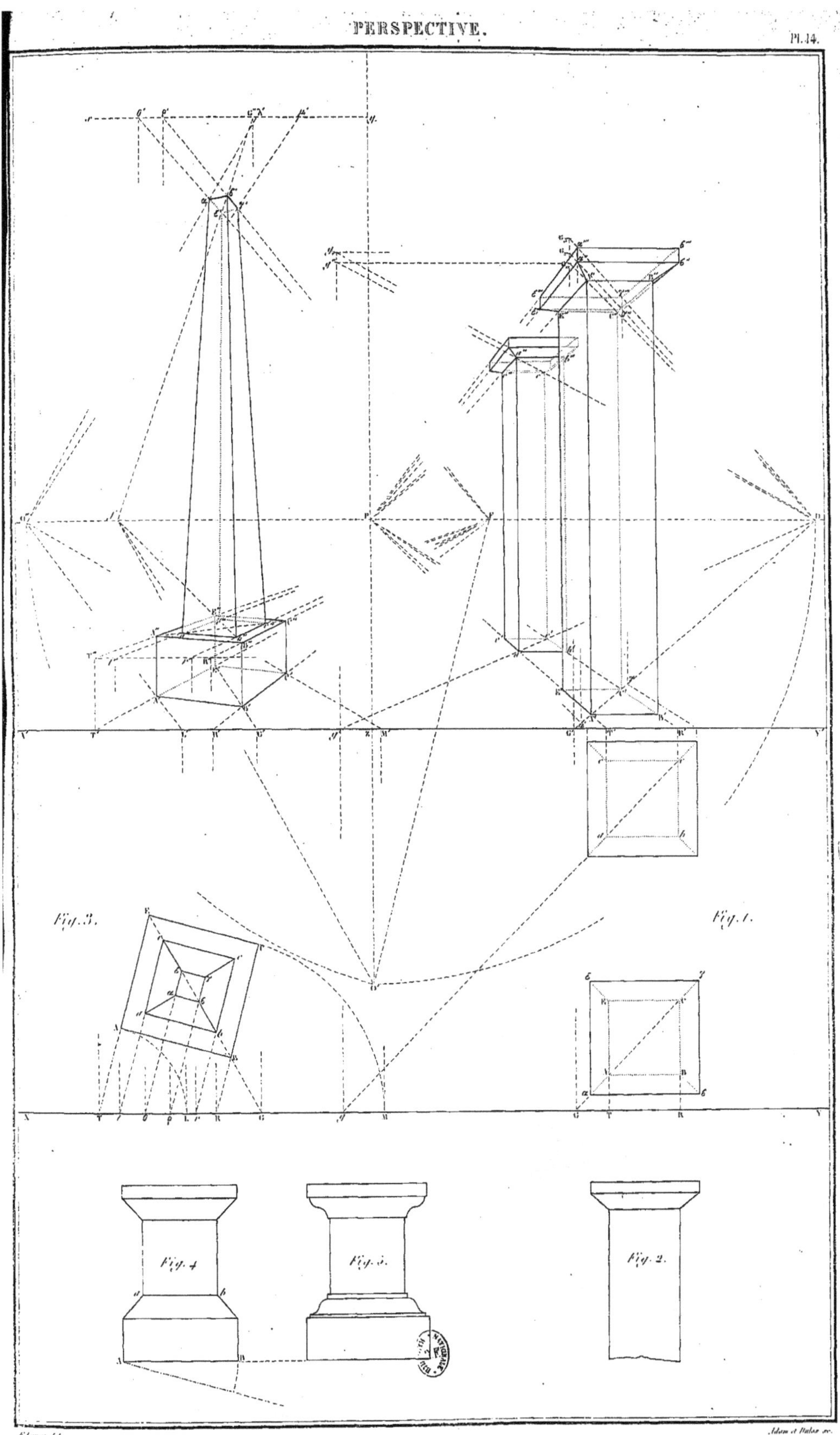

F. Leroy del. Adam et Dulos sc.

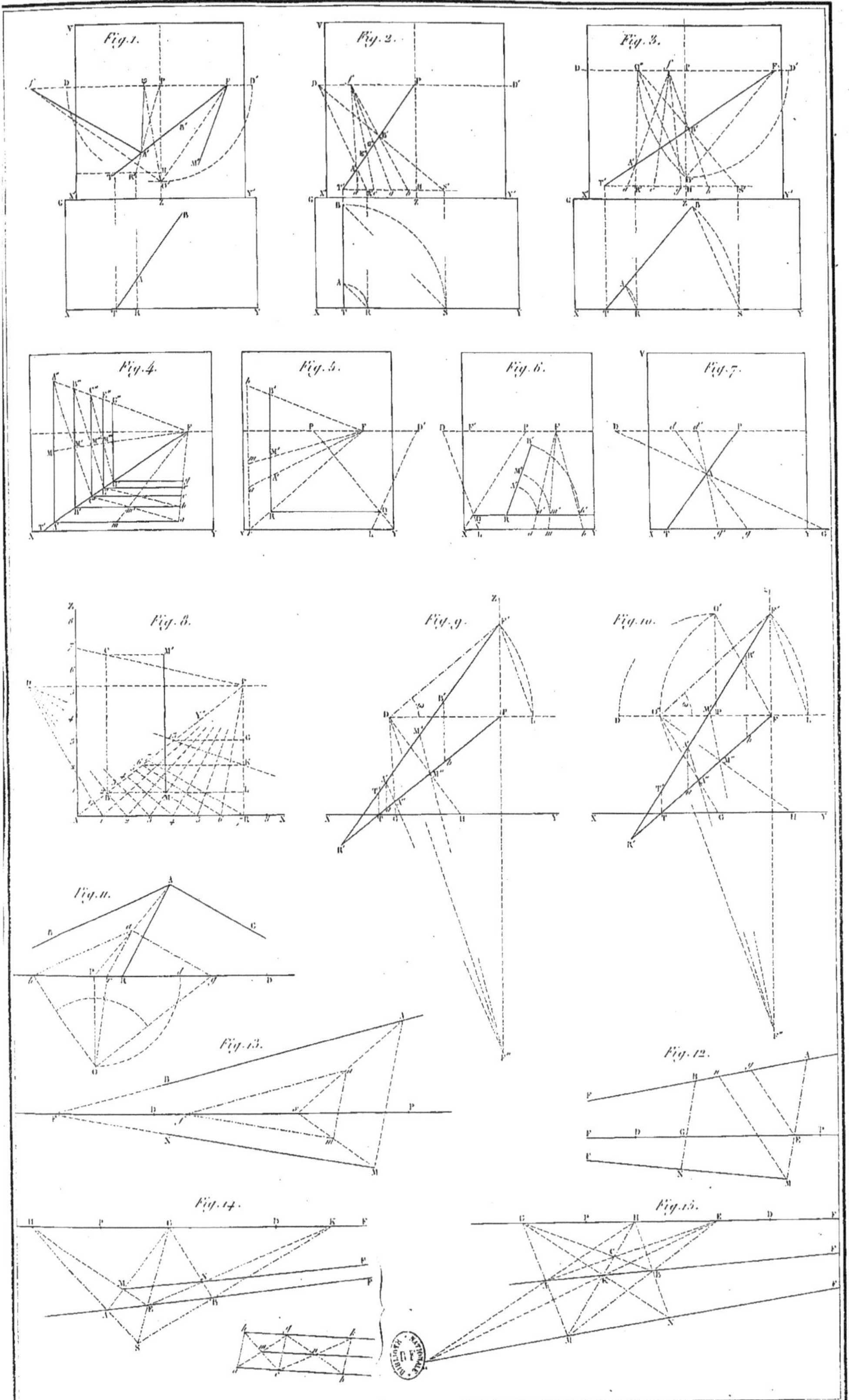
Fig. 1.
Fig. 2.
Fig. 3.
Fig. 4.
Fig. 5.
Fig. 6.
Fig. 7.
Fig. 8.
Fig. 9.
Fig. 10.
Fig. 11.
Fig. 12.
Fig. 13.
Fig. 14.
Fig. 15.

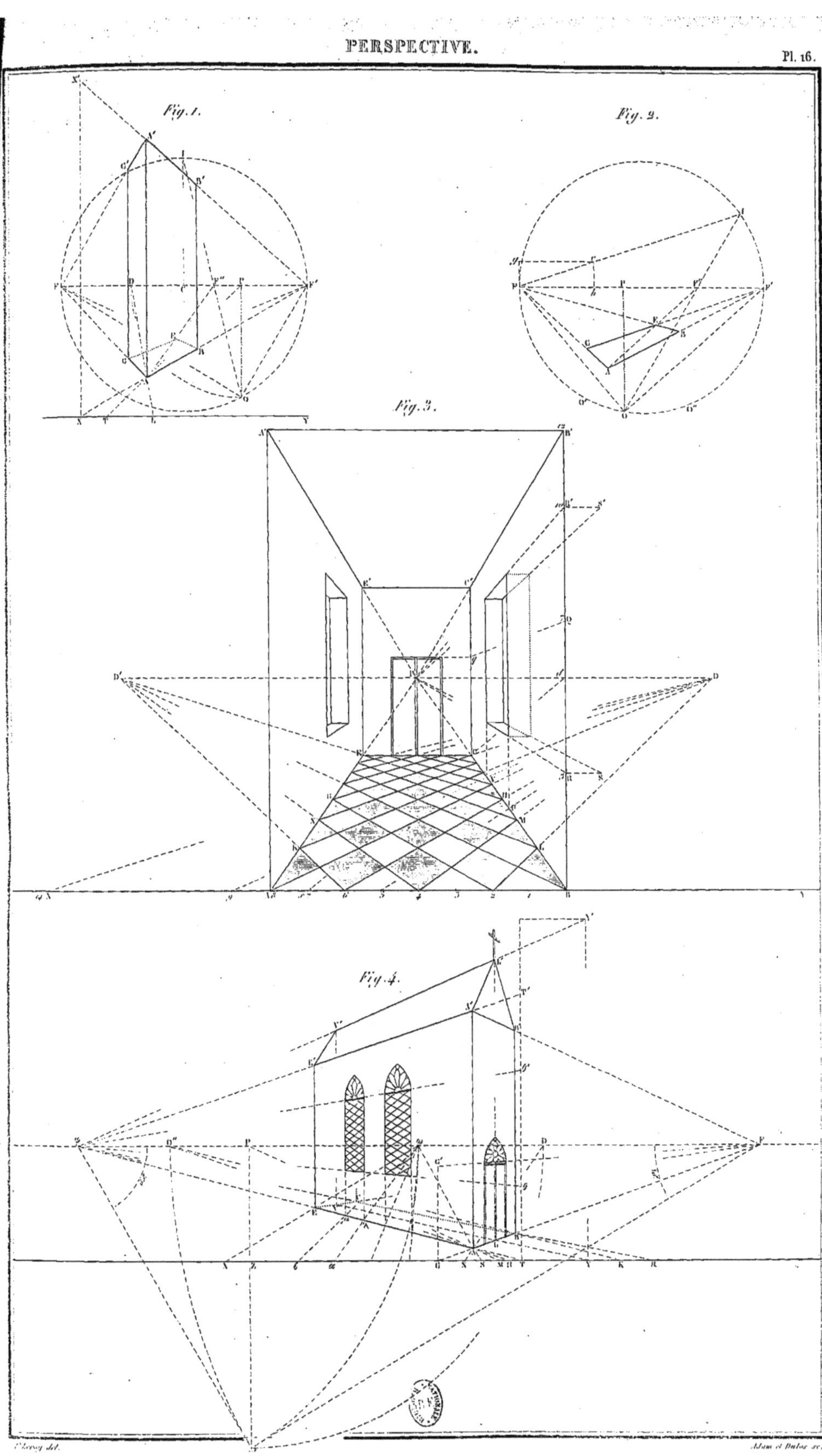

Leroy del. Adam et Dulos sc.

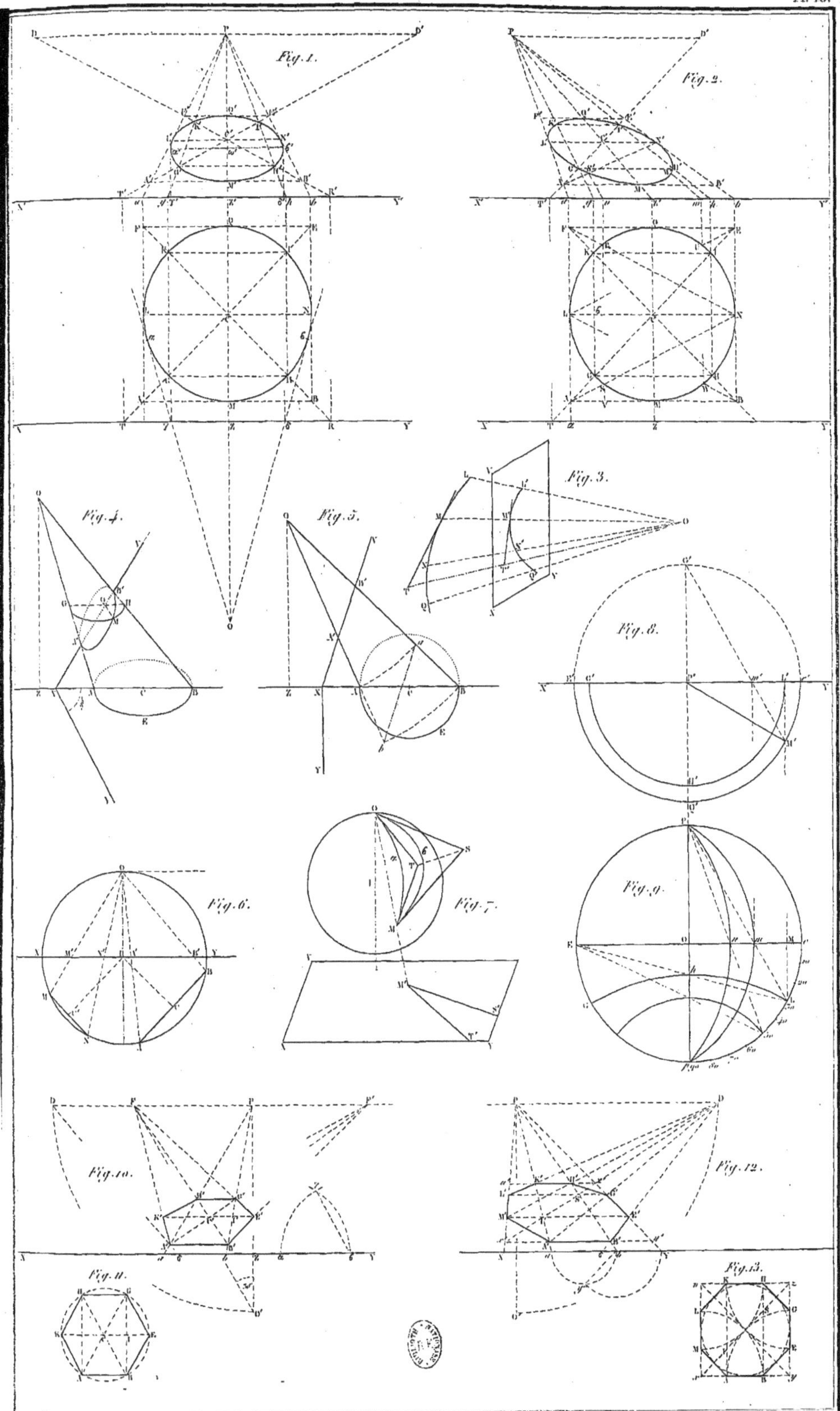
Fig. 1.
Fig. 2.
Fig. 3.
Fig. 4.
Fig. 5.
Fig. 6.
Fig. 7.
Fig. 8.
Fig. 9.
Fig. 10.
Fig. 11.
Fig. 12.
Fig. 13.

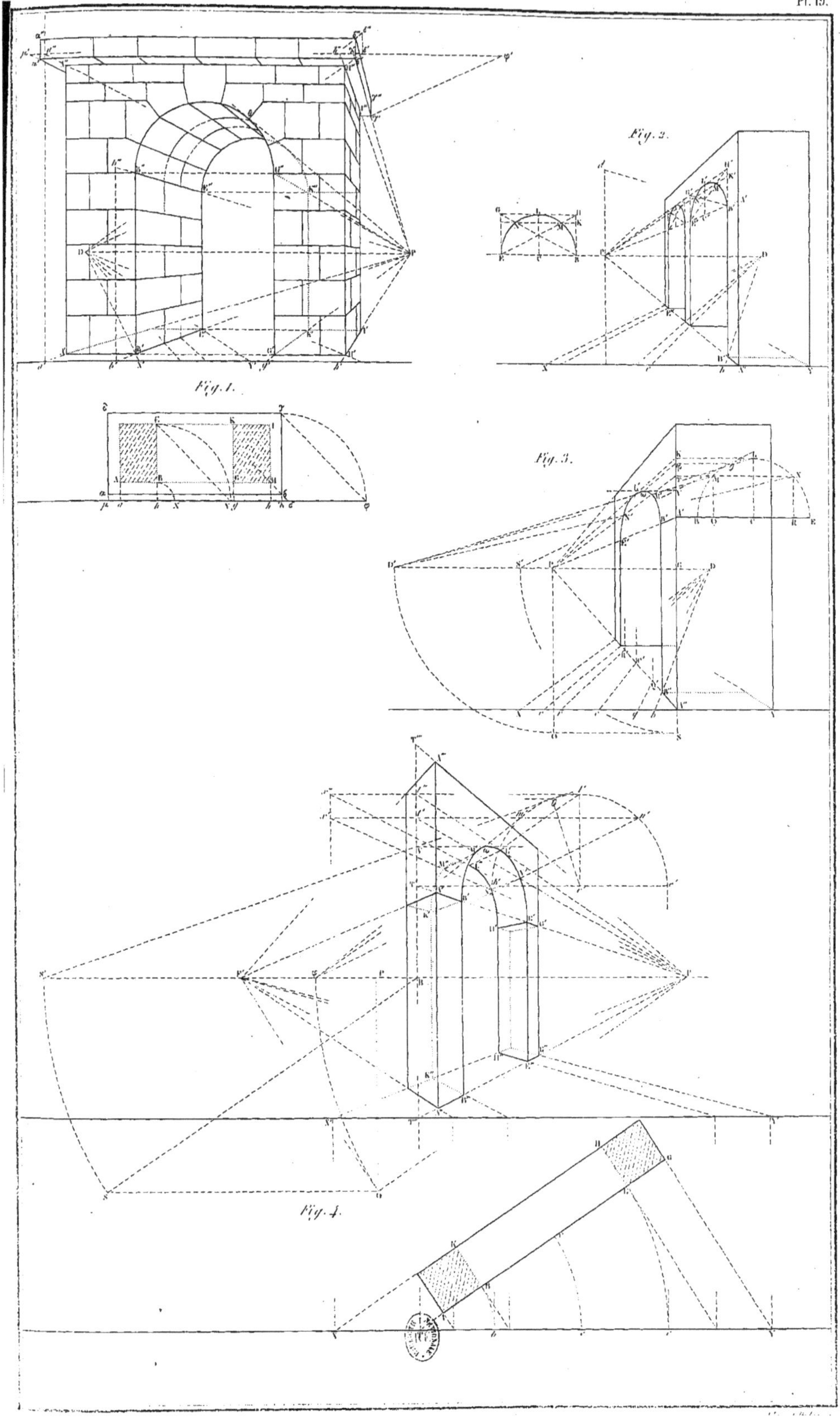

Fig. 1.

Fig. 2.

Fig. 3.

Fig. 4.

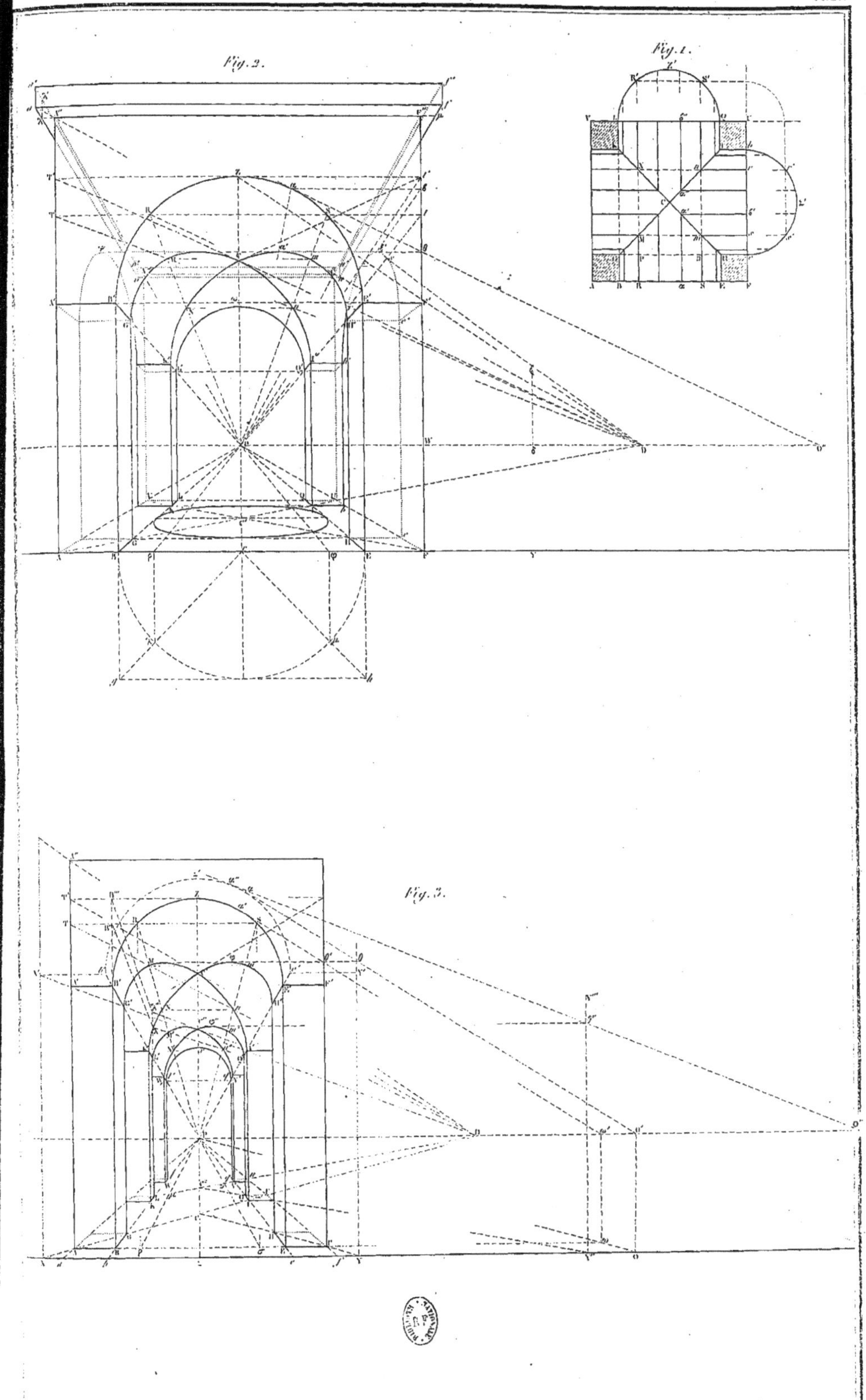
Fig. 2.
Fig. 1.
Fig. 3.

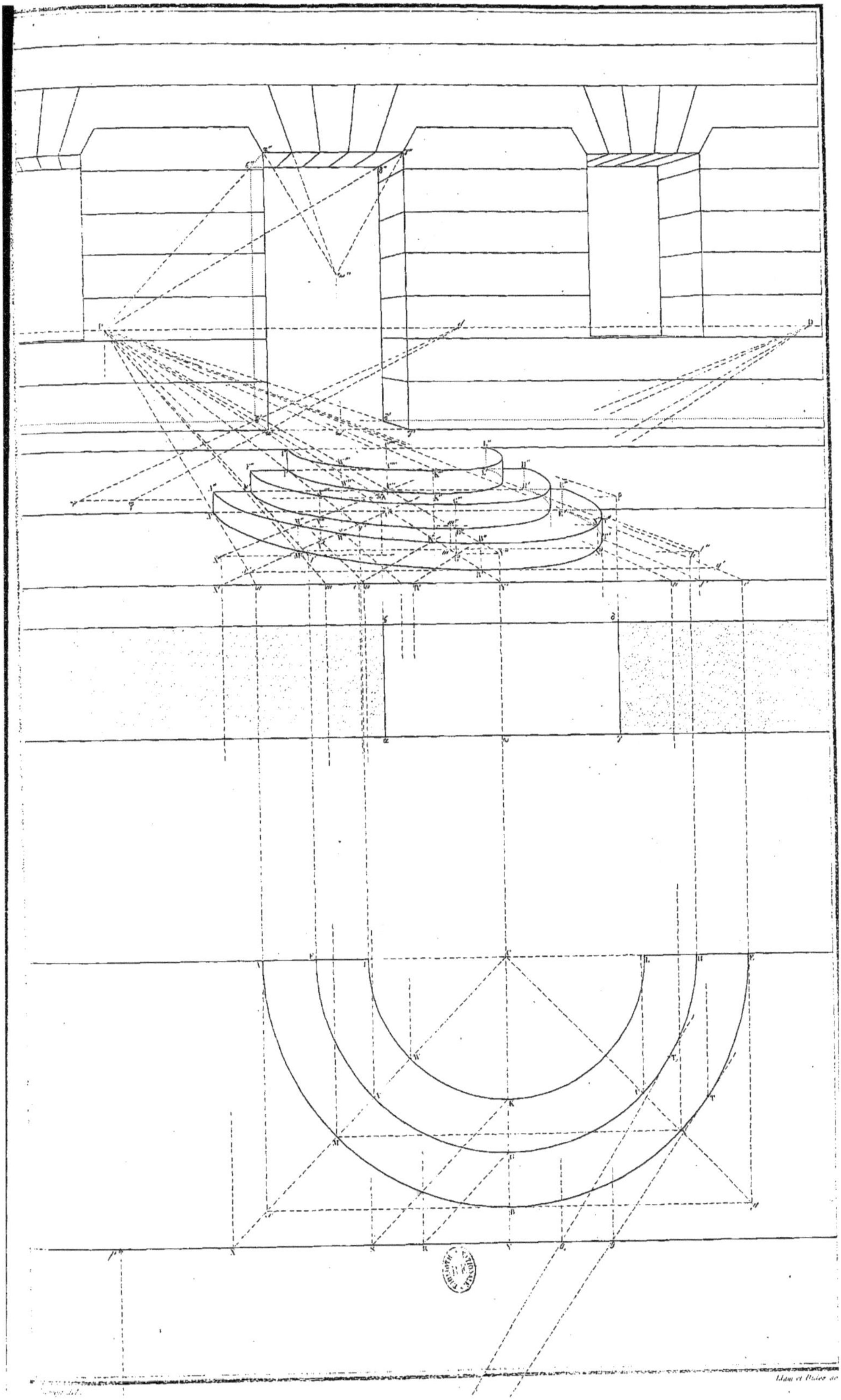

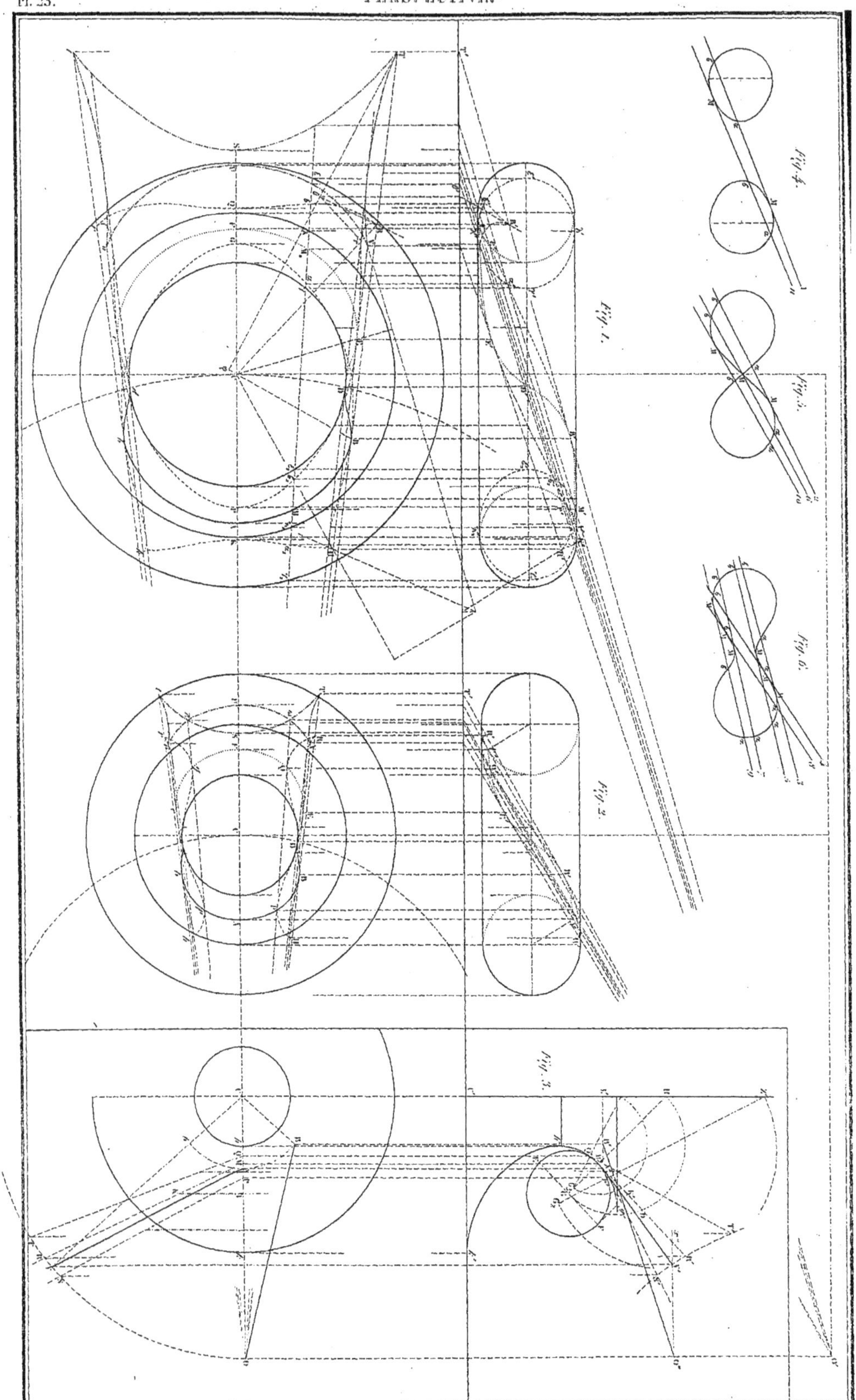

F. Leroy del.

Adam et Dulos sc.

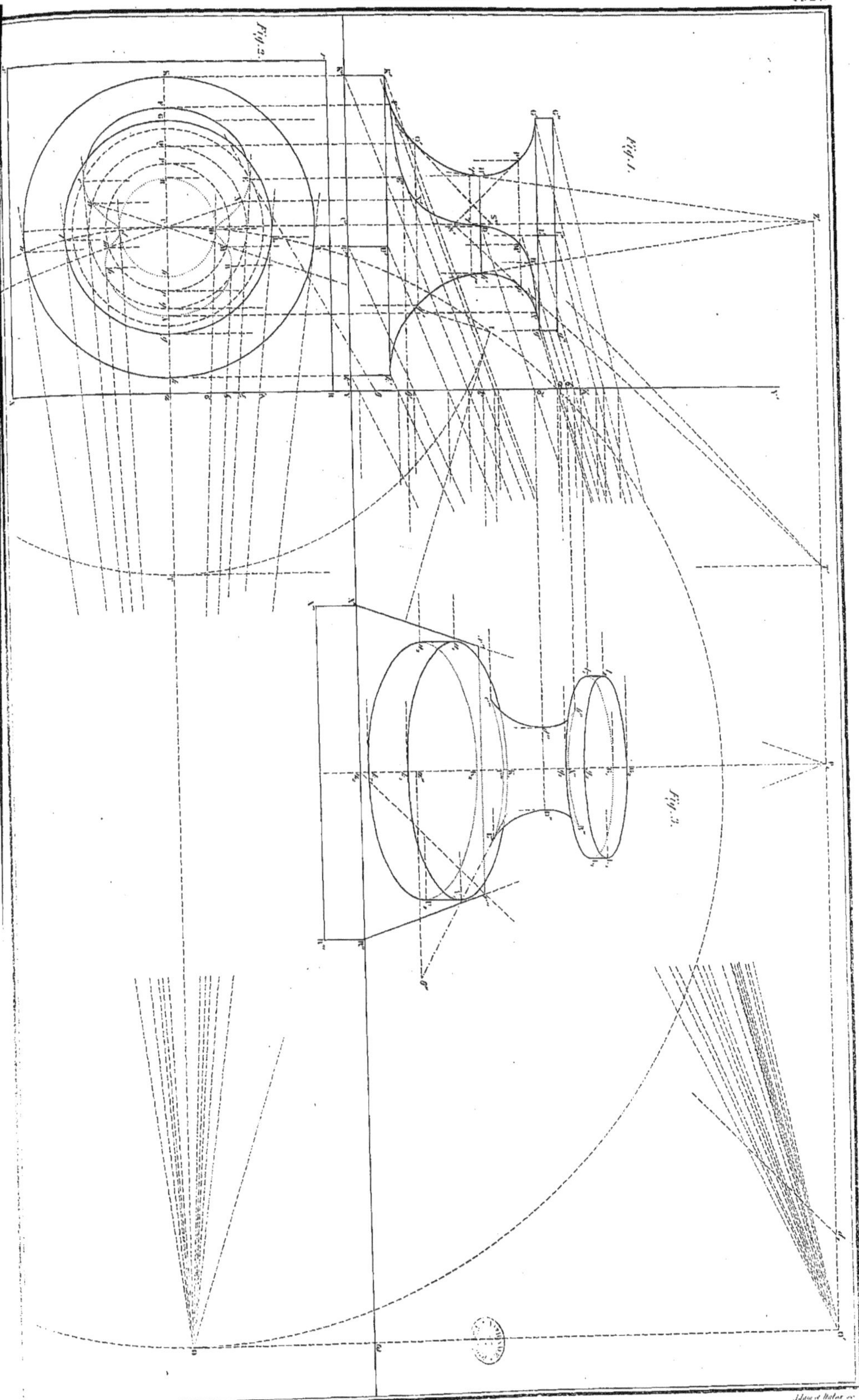
Fig. 1.
Fig. 2.
Fig. 3.

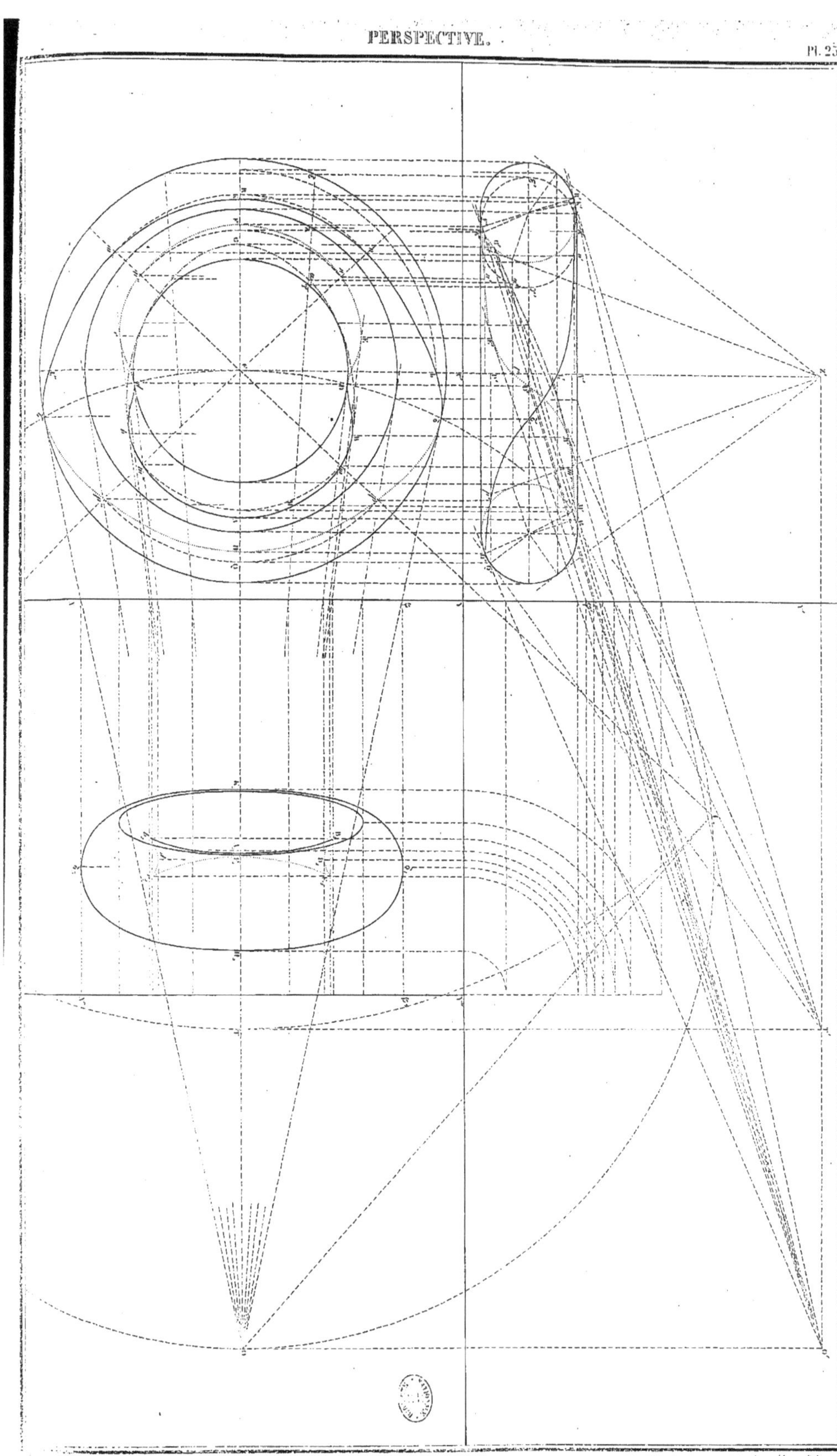

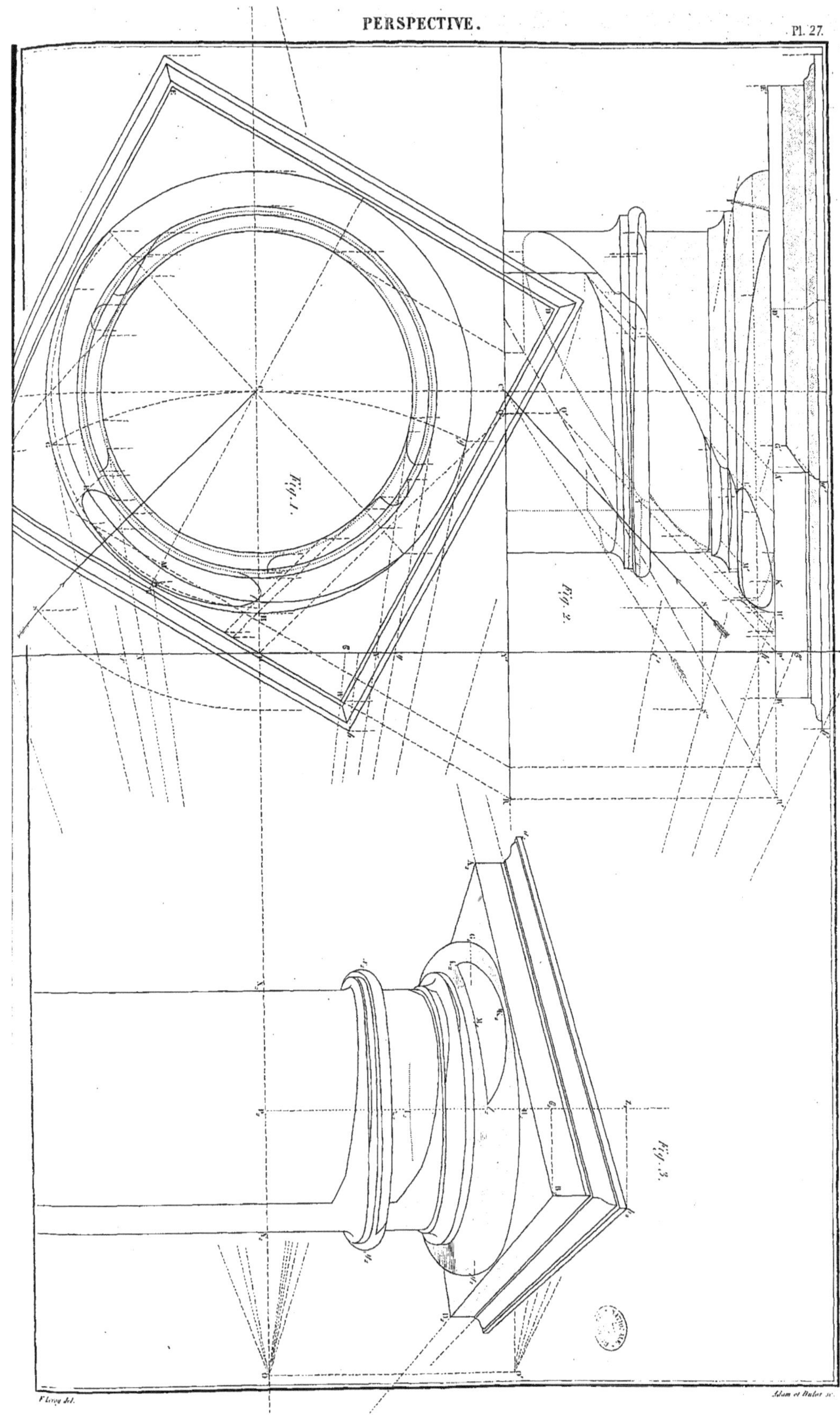

F. Leroy del.

Adam et Dulos sc.

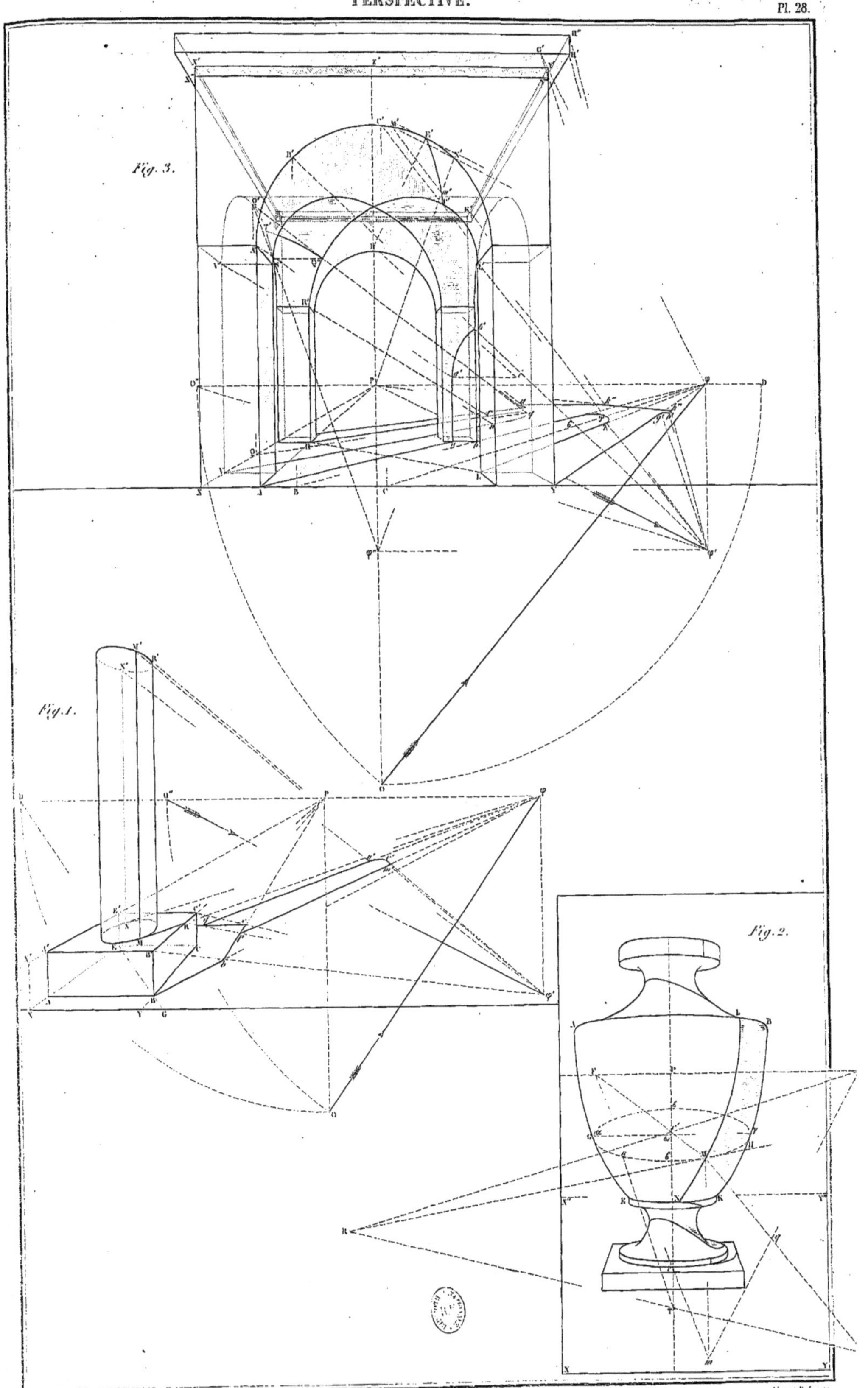
Fig. 3.
Fig. 1.
Fig. 2.

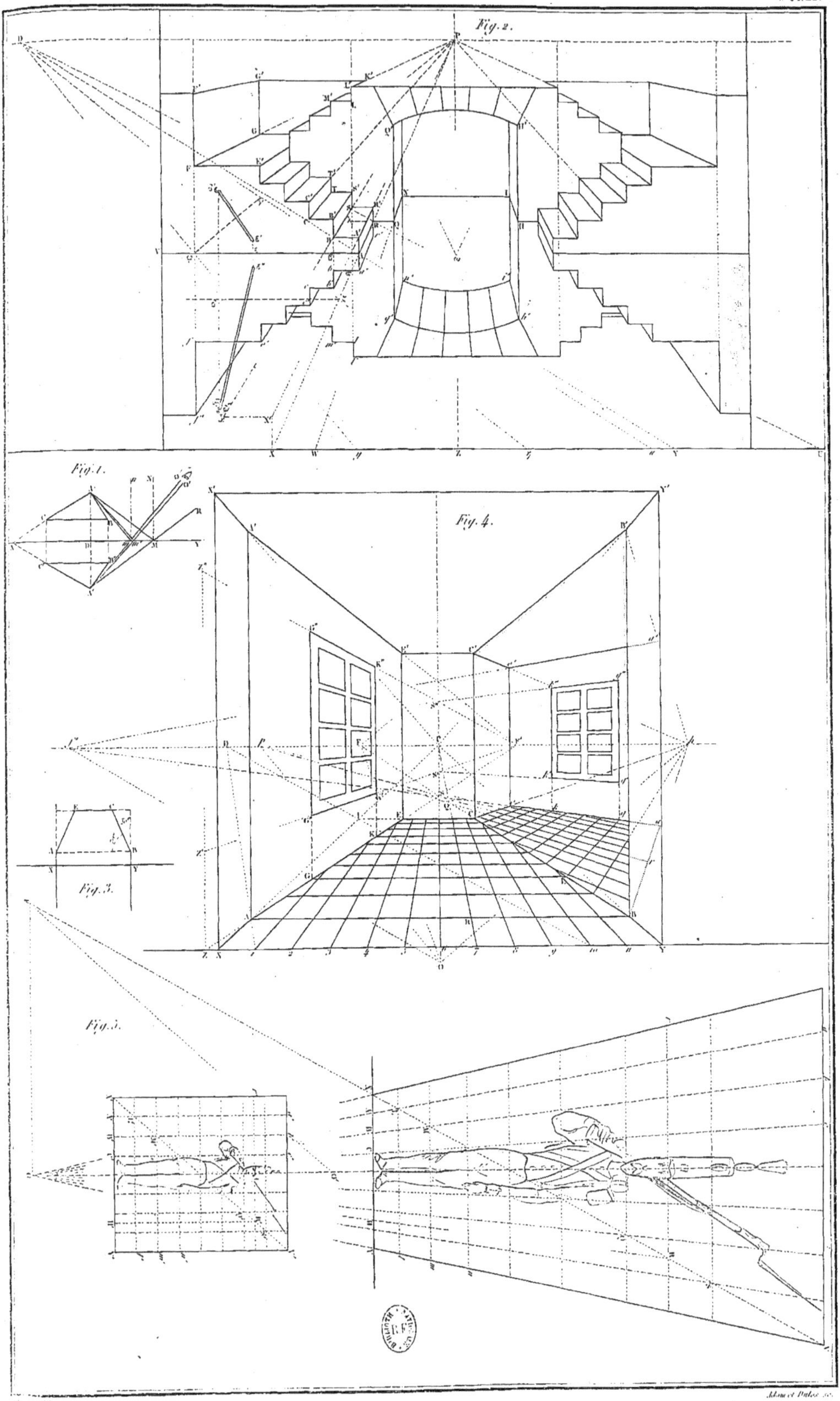

Fig. 2.

Fig. 1.

Fig. 4.

Fig. 3.

Fig. 5.

Adam et Dulos sc.

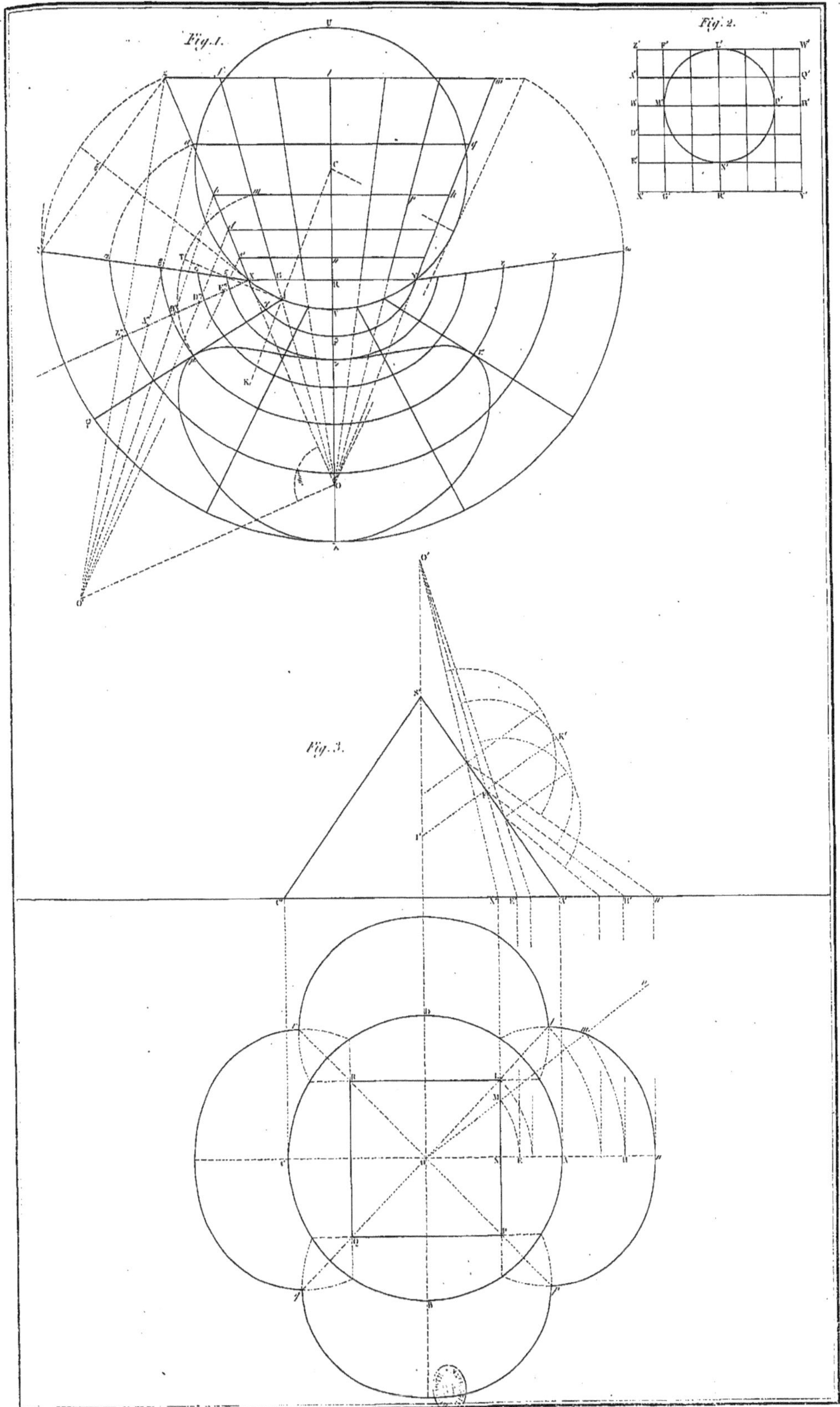
Fig. 1.
Fig. 2.
Fig. 3.

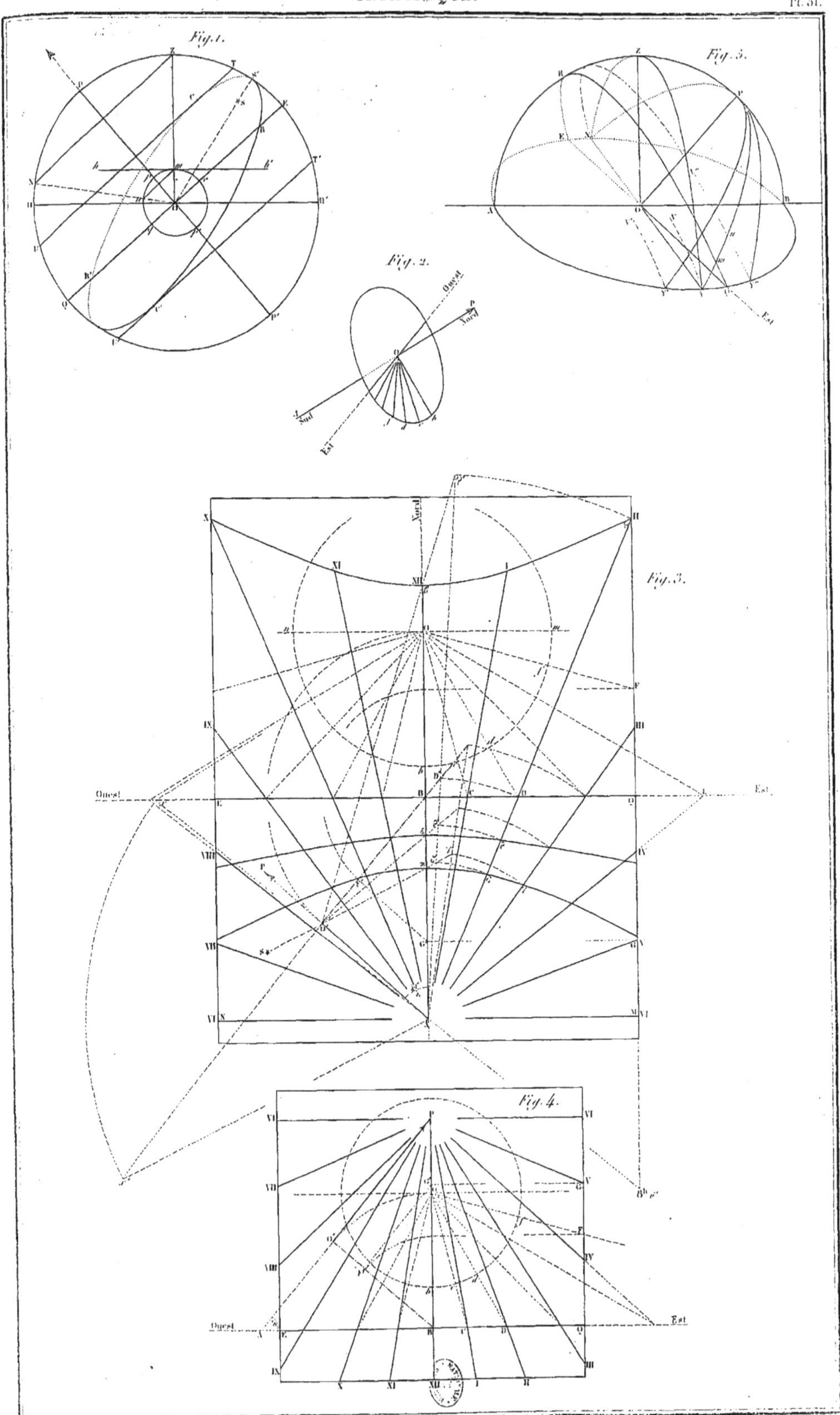

Elaleg del.

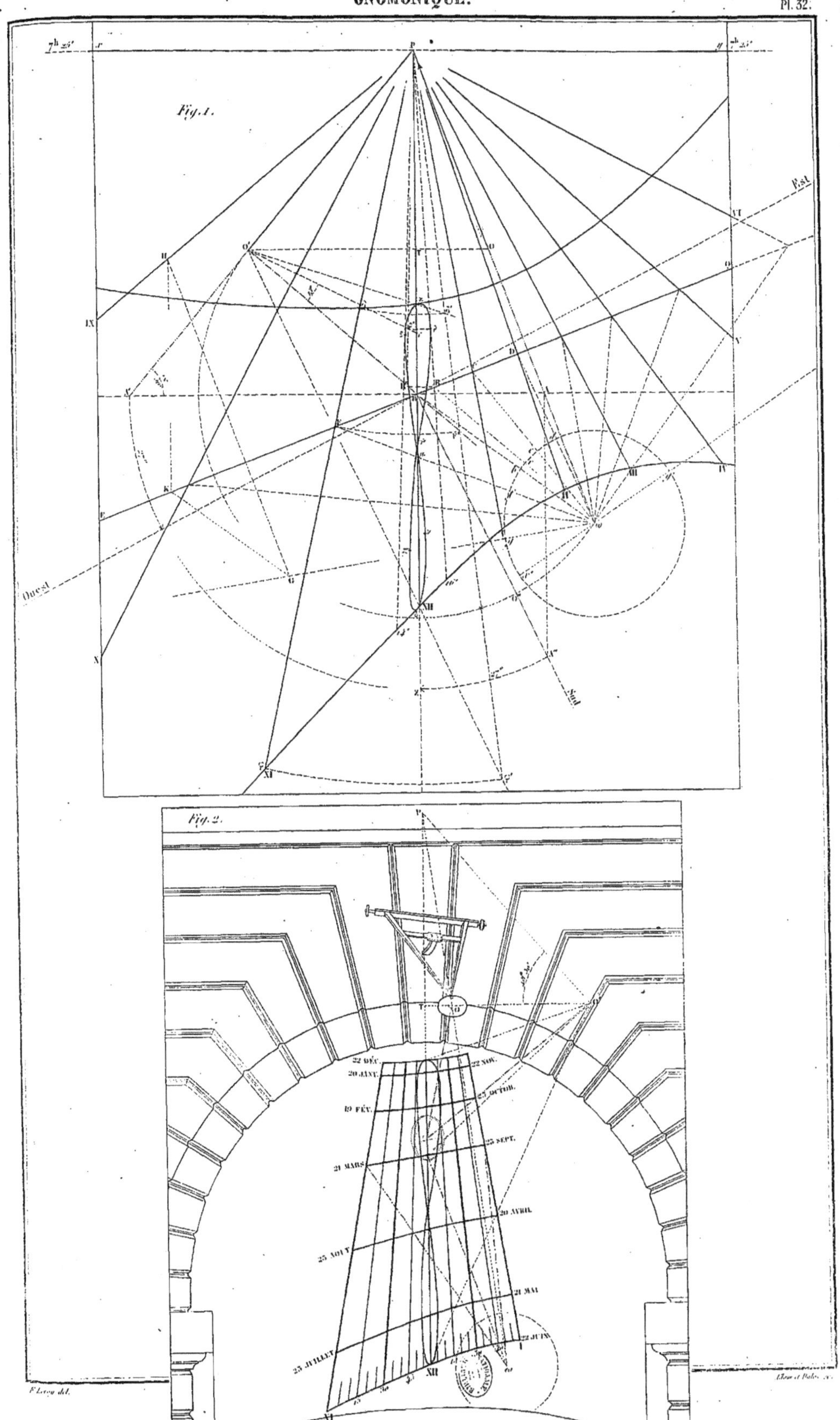
Fig. 1.
Fig. 2.
Est
Ouest
Sud
22 DÉC.
20 JANV.
19 FÉV.
21 MARS
25 AOUT
23 JUILLET
22 NOV.
23 OCTOB.
23 SEPT.
20 AVRIL
21 MAI
22 JUIN

F. Leroy del.

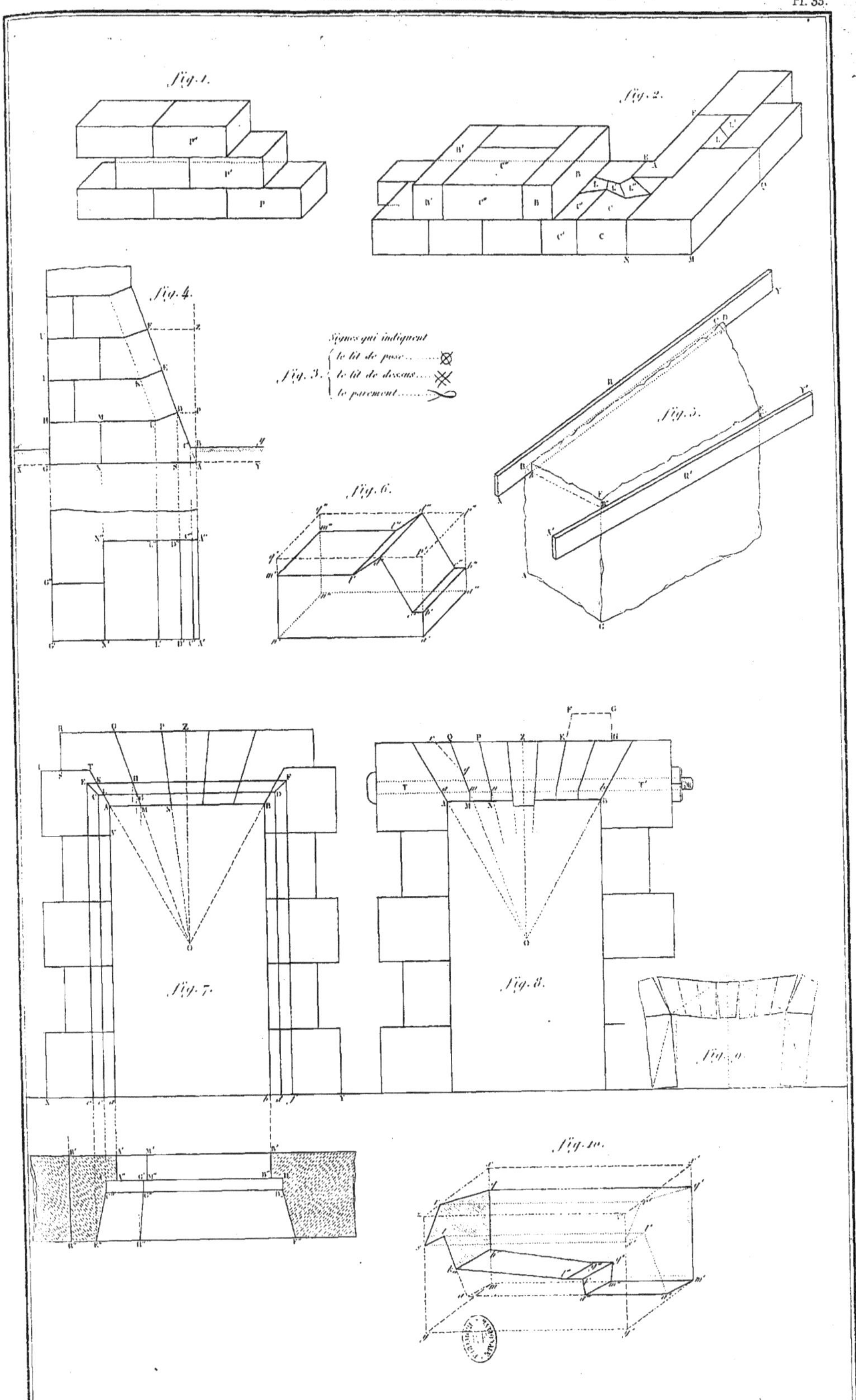

F. Leroy del.

Adam et Dulos sc.

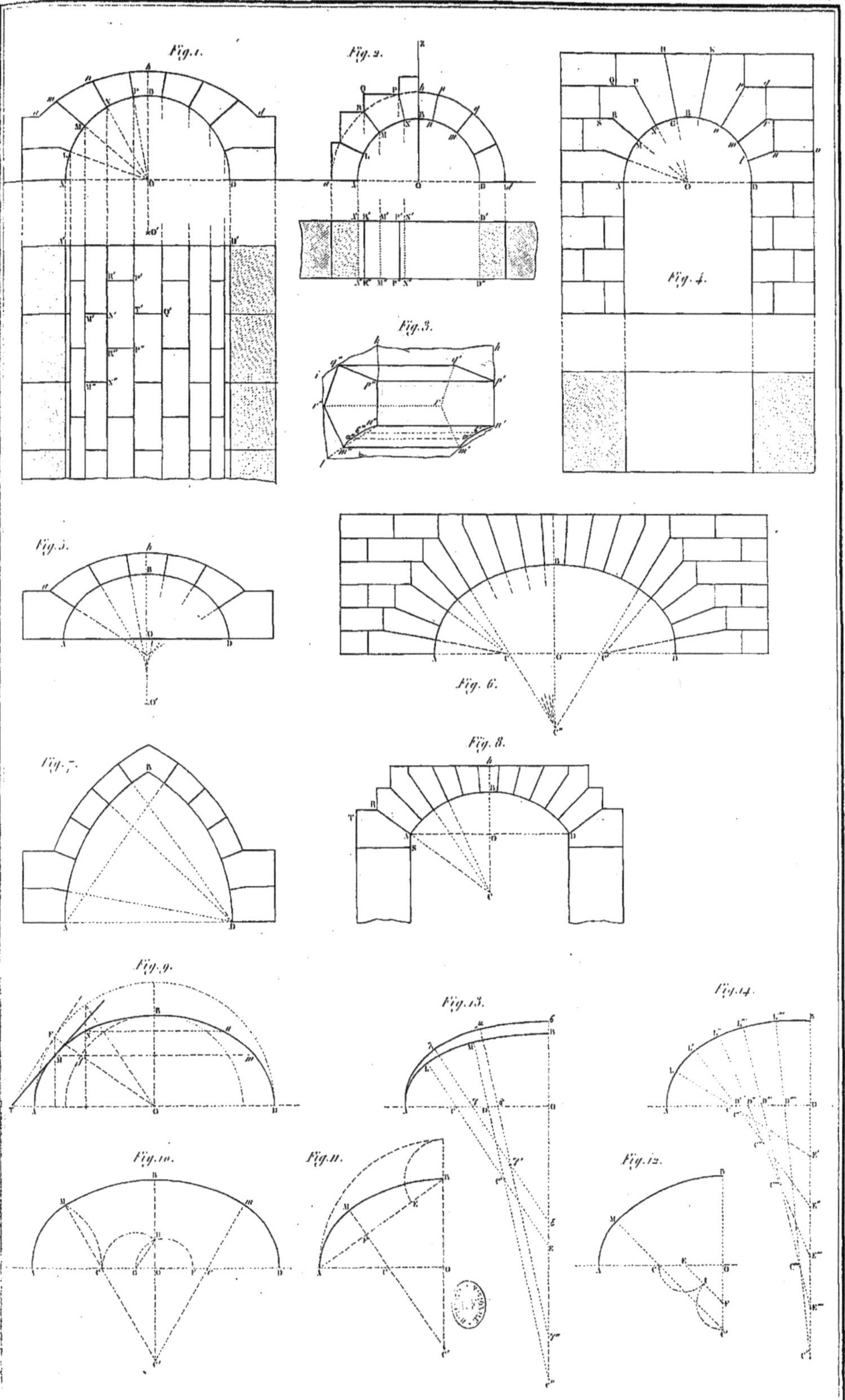
Fig. 1.
Fig. 2.
Fig. 3.
Fig. 4.
Fig. 5.
Fig. 6.
Fig. 7.
Fig. 8.
Fig. 9.
Fig. 10.
Fig. 11.
Fig. 12.
Fig. 13.
Fig. 14.

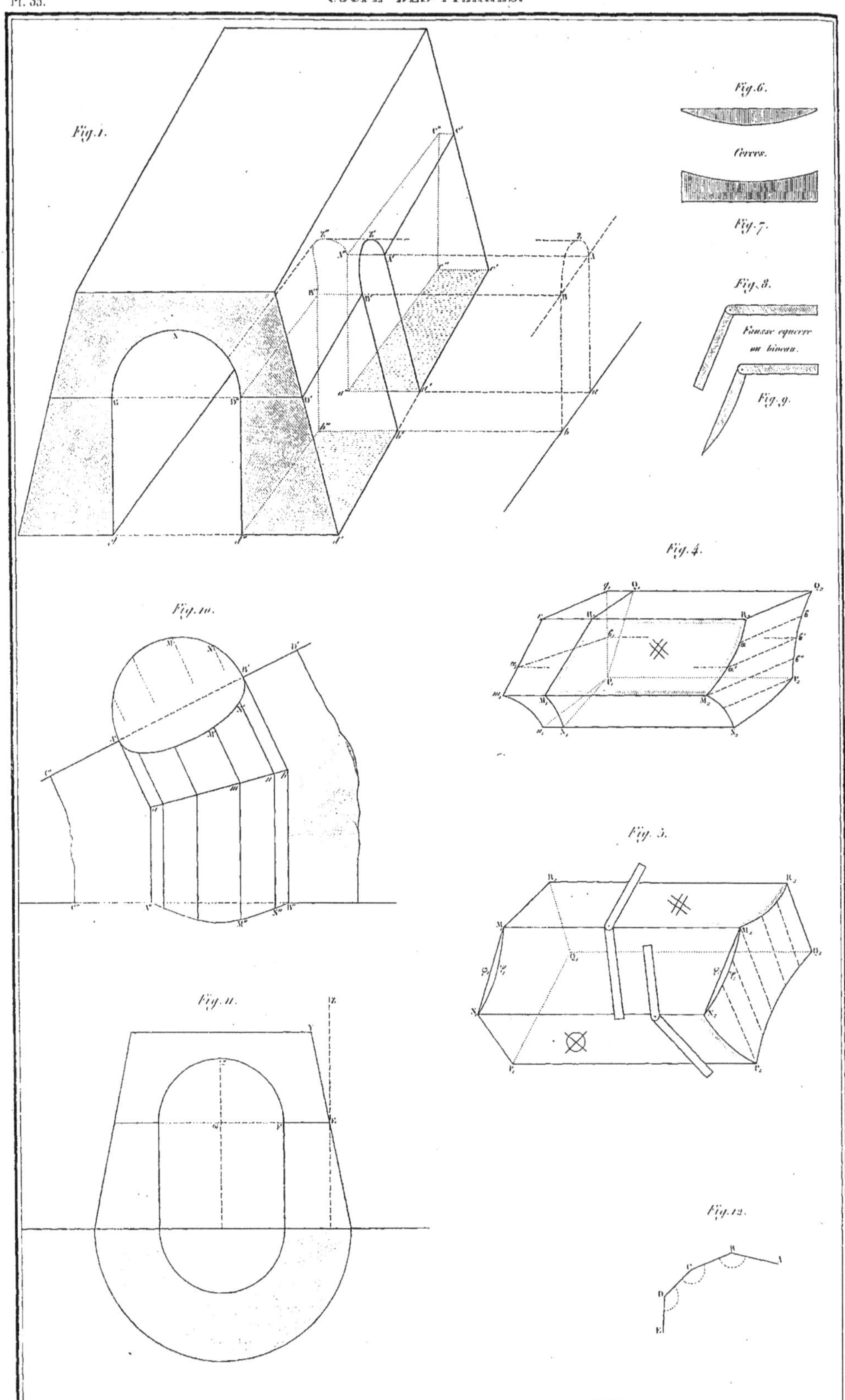

F. Leroy del. Adam et Dulos sc.

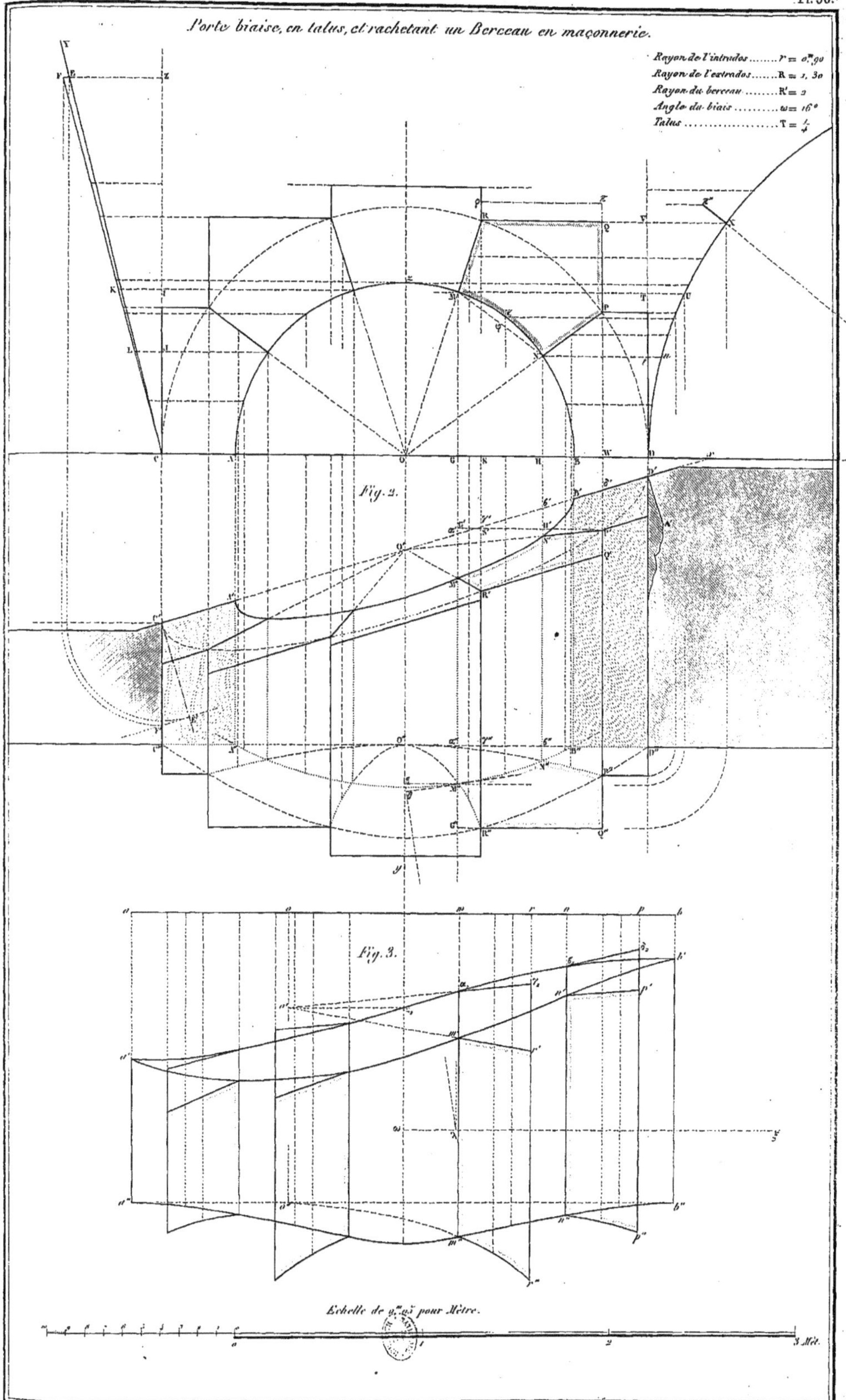

F. Leroy del.

Adam et Dulos sc.

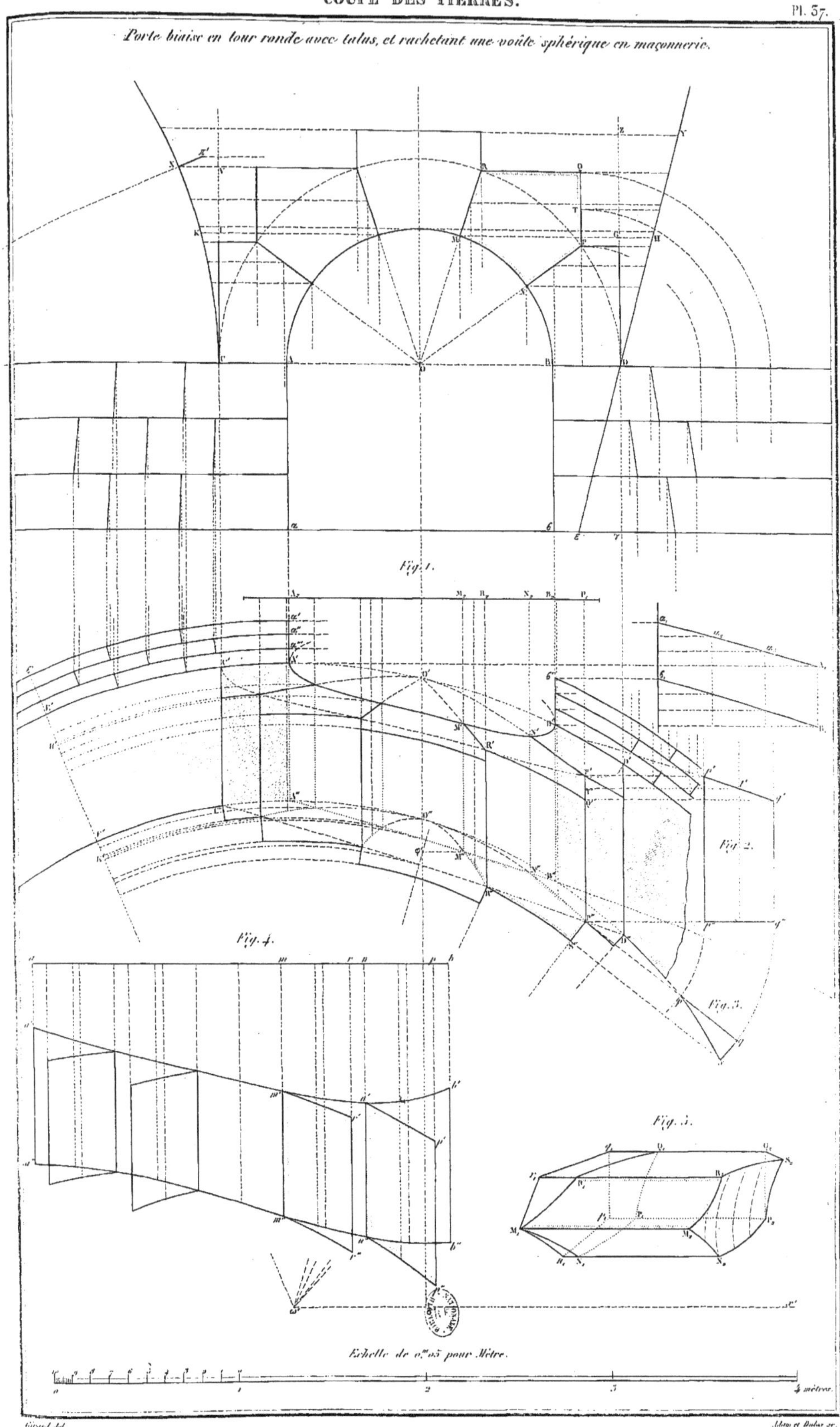
Porte biaise en tour ronde avec talus, et rachetant une voûte sphérique en maçonnerie.
Fig. 1.
Fig. 2.
Fig. 3.
Fig. 4.
Fig. 5.
Echelle de 0,m05 pour Mètre.
0
1
2
3
4 mètres.
Girard del.
Adam et Dulos sc.

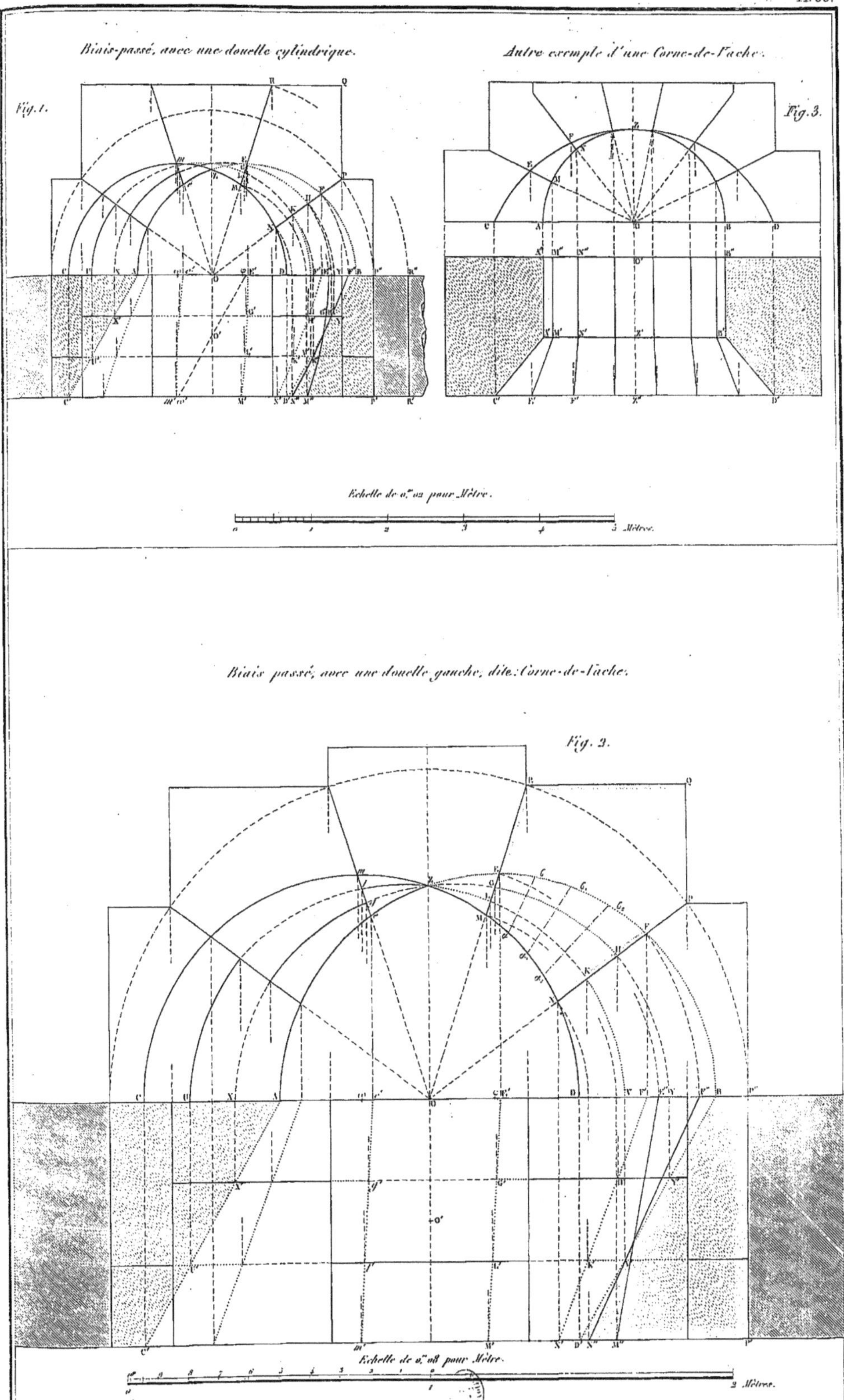
Biais-passé, avec une douelle cylindrique.
Fig. 1.
Autre exemple d'une Corne-de-Vache.
Fig. 3.
Echelle de 0.m 02 pour Mètre.
0 1 2 3 4 5 Mètres.
Biais passé, avec une douelle gauche, dite: Corne-de-Vache.
Fig. 2.
Echelle de 0.m 08 pour Mètre.
2 Mètres.
Adam et Dulos sc.

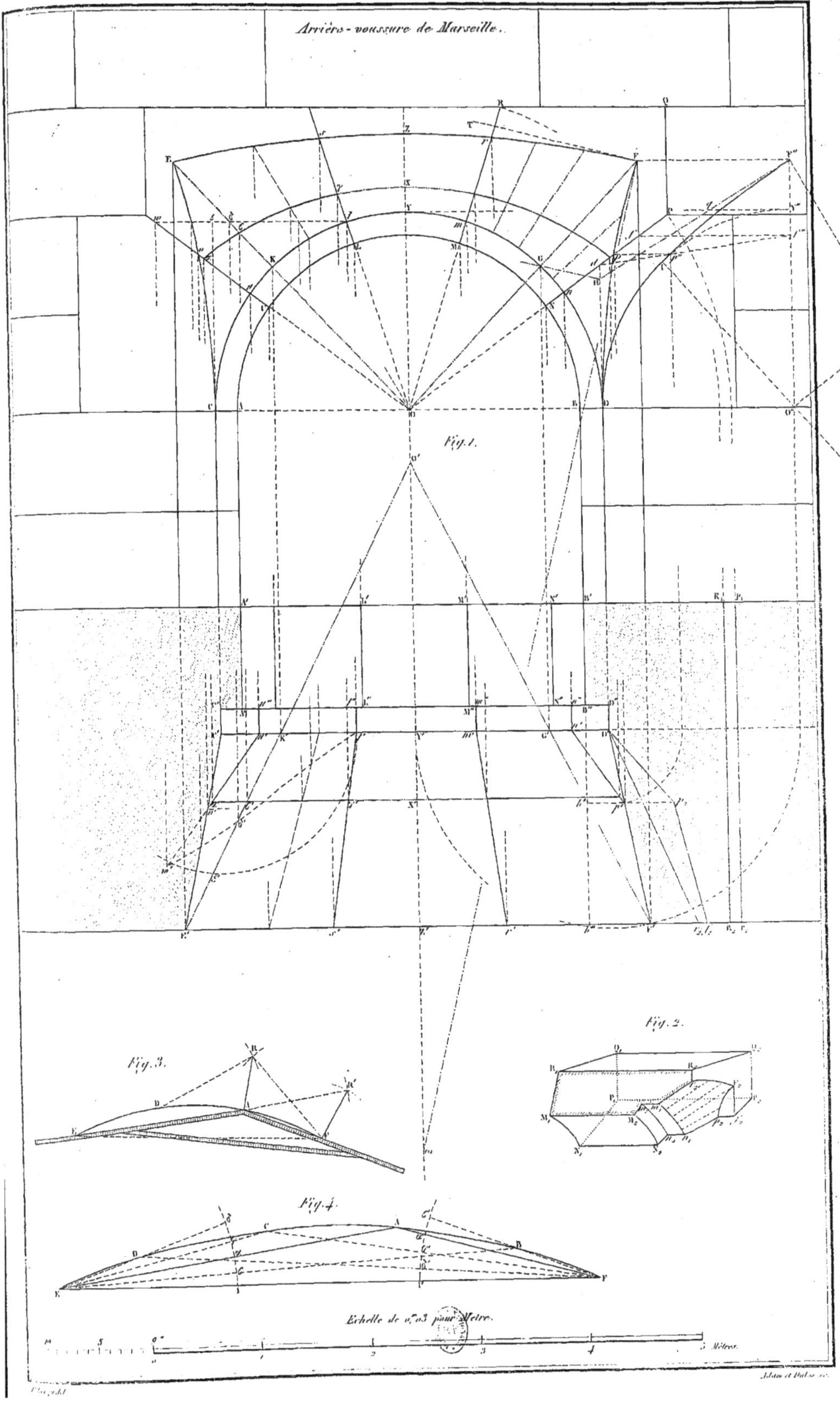

Arrière-voussure de Marseille.

Fig. 1.

Fig. 2.

Fig. 3.

Fig. 4.

Echelle de 0,m 03 pour Mètre.

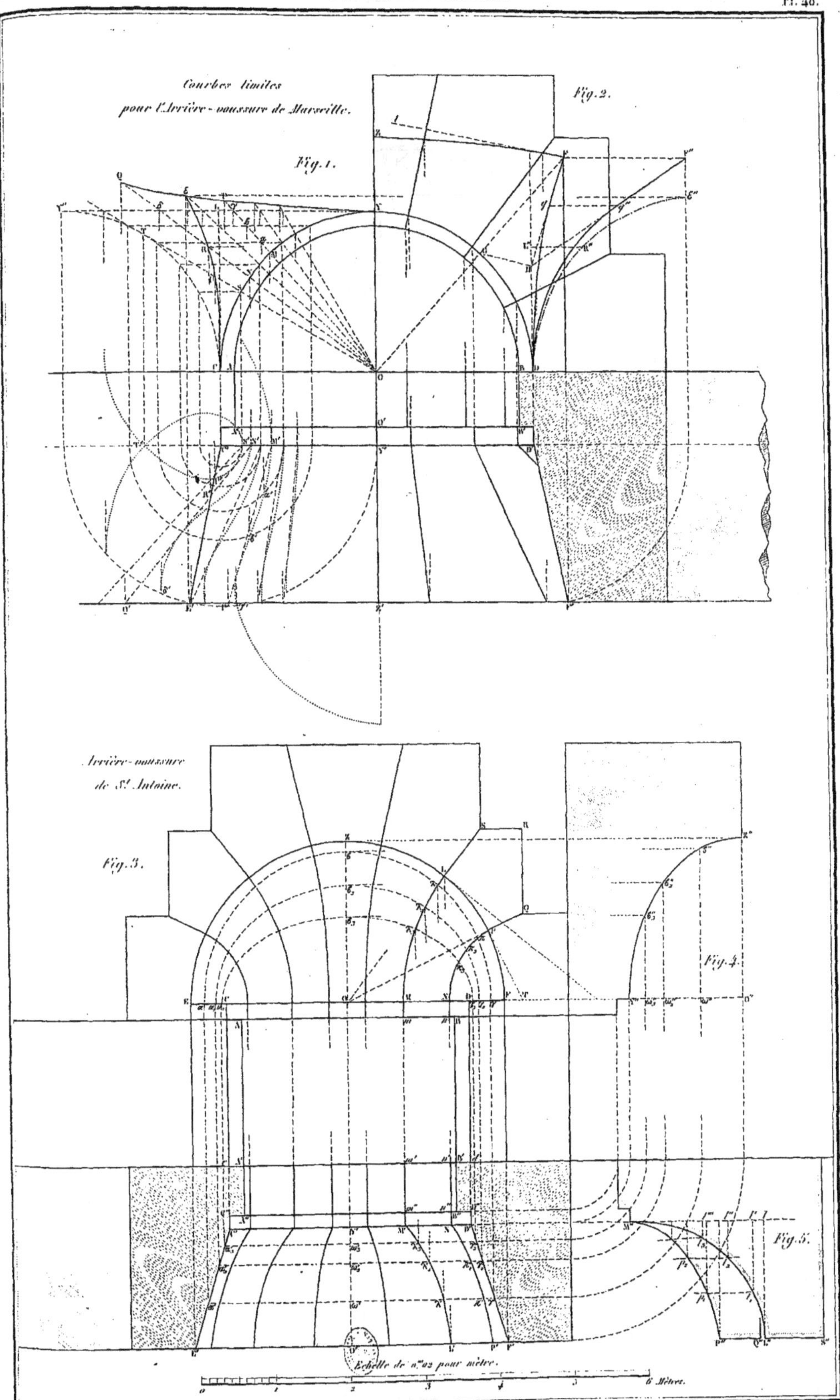

Adam et Dulos sc.

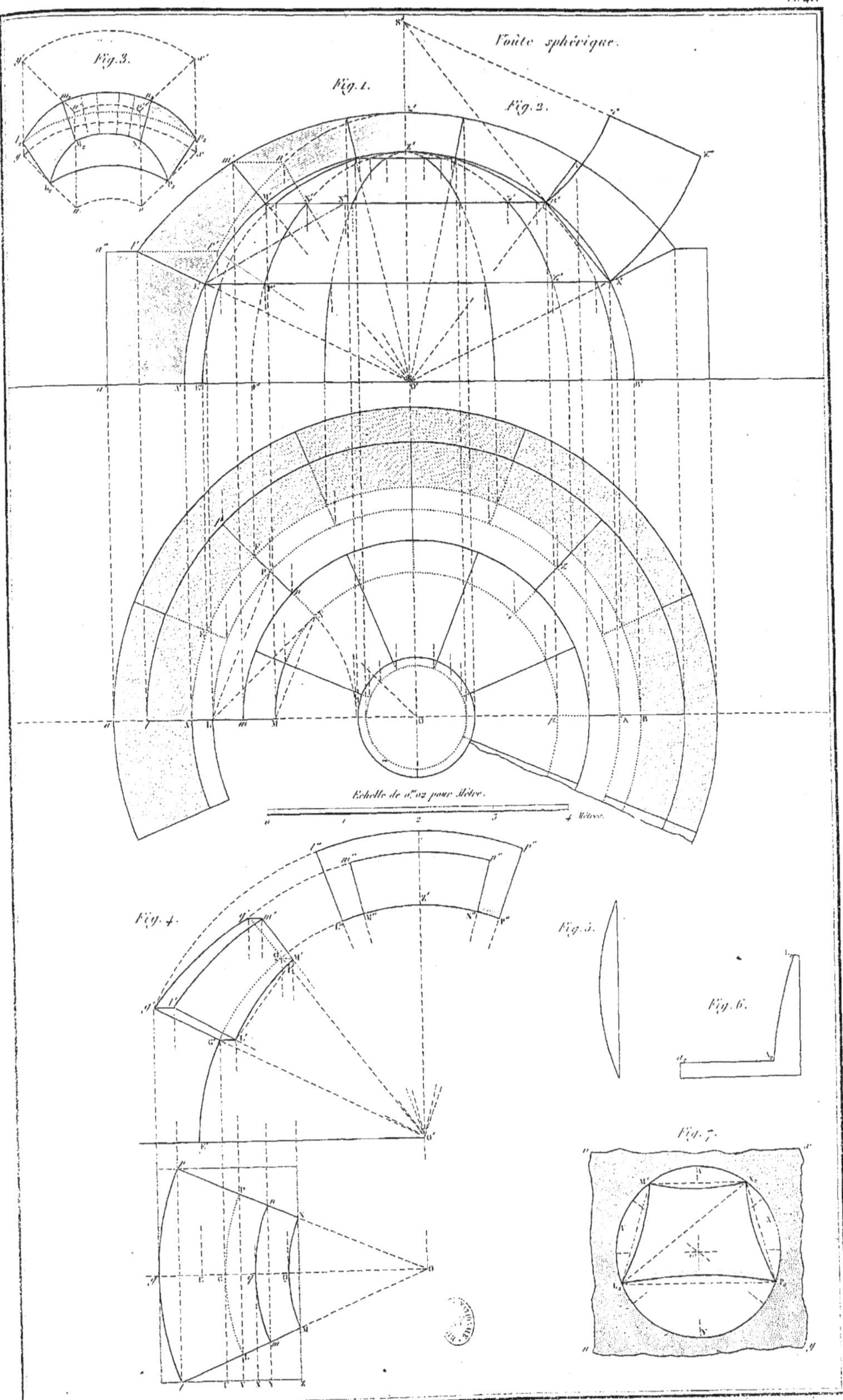
Voûte sphérique.
Fig. 1.
Fig. 2.
Fig. 3.
Fig. 4.
Fig. 5.
Fig. 6.
Fig. 7.
Echelle de 0m,02 pour Mètre.
0
1
2
3
4 Mètres.

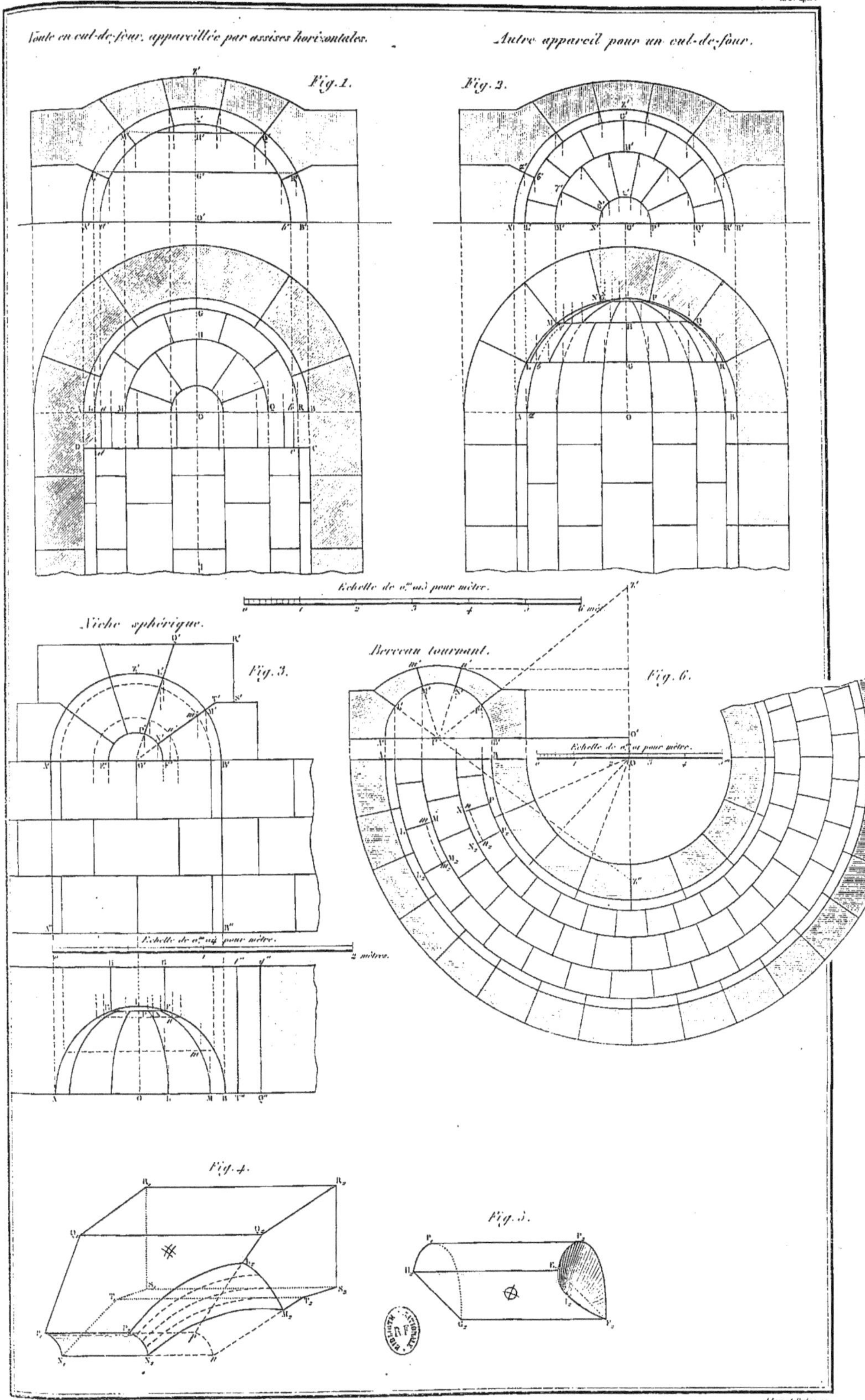

Voute en cul-de-four, appareillée par assises horizontales.
Fig. 1.
Autre appareil pour un cul-de-four.
Fig. 2.
Echelle de 0,m 025 pour mètre.
Niche sphérique.
Fig. 3.
Berceau tournant.
Fig. 6.
Echelle de 0,m 02 pour mètre.
Echelle de 0,m 04 pour mètre.
2 mètres.
Fig. 4.
Fig. 5.

Voûtes elliptiques, mais de révolution autour d'un axe horizontal.

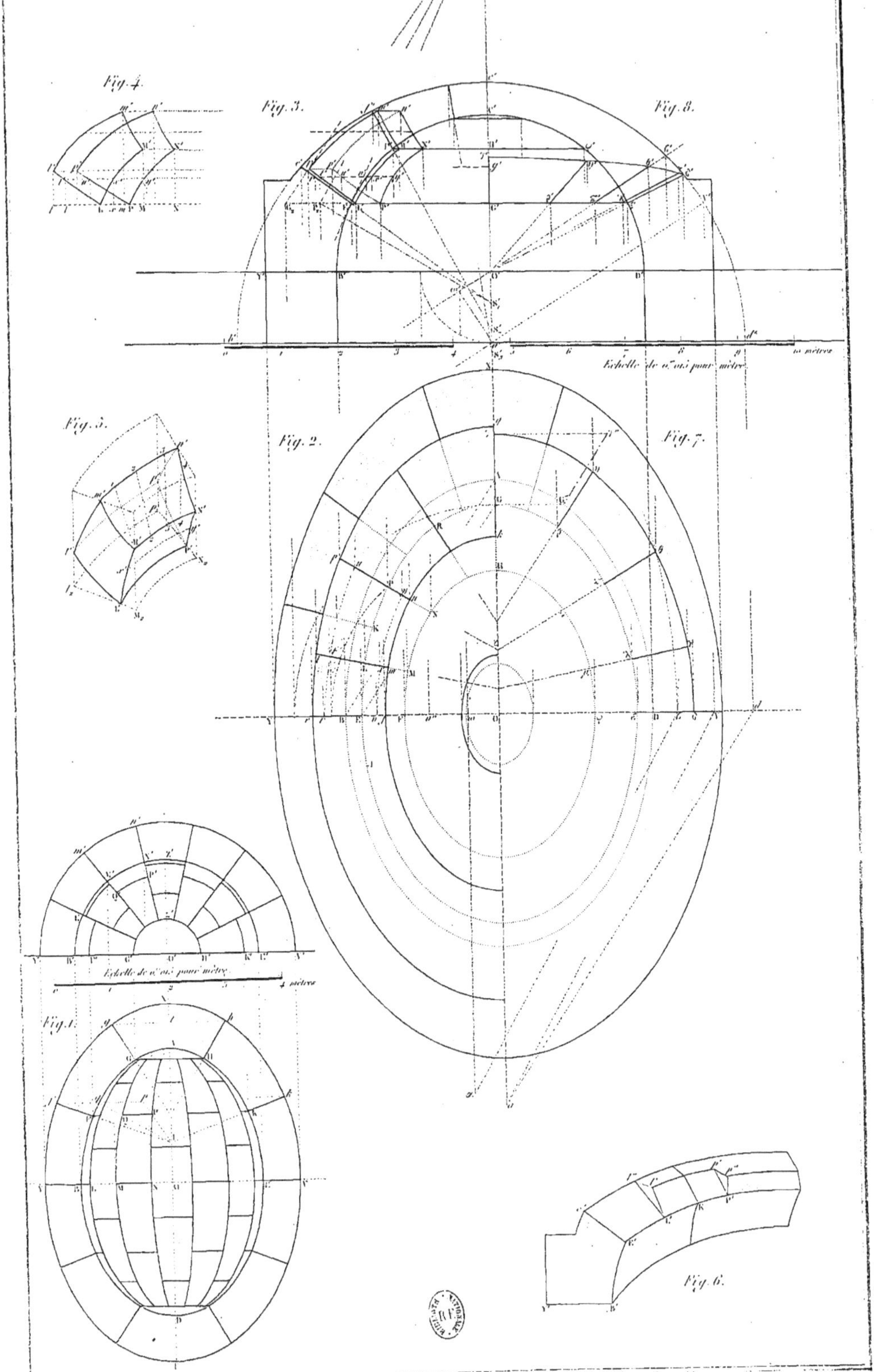
Fig. 4.
Fig. 3.
Fig. 8.
Echelle de 0m,015 pour mètre.
10 mètres
Fig. 5.
Fig. 2.
Fig. 7.
Echelle de 0m,015 pour mètre.
4 mètres
Fig. 1.
Fig. 6.

Voûte en ellipsoïde à trois axes inégaux.

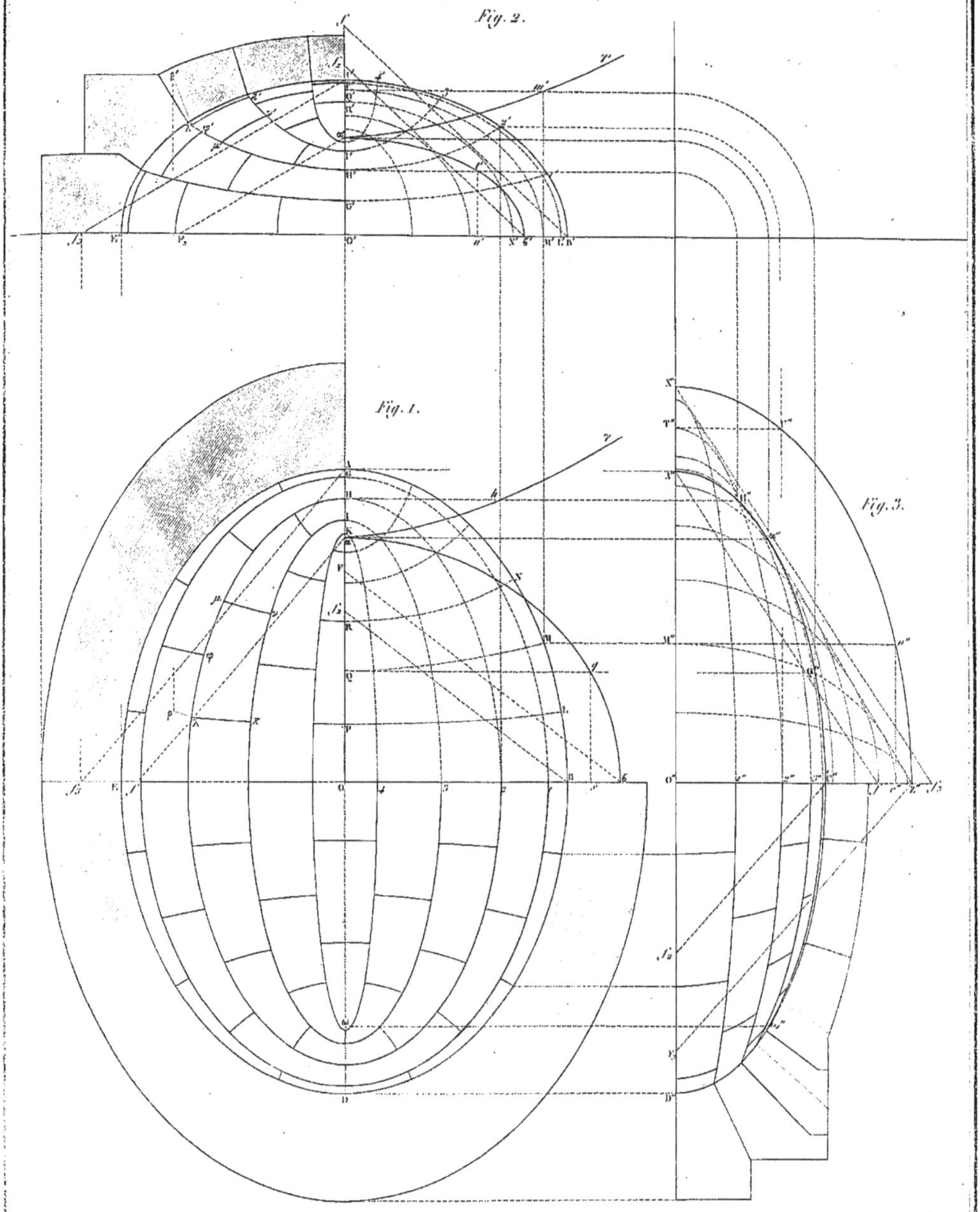
Fig. 2.
Fig. 1.
Fig. 3.

Echelle de 0m,015 pour mètre.

0 1 2 3 4 5 6 7 8 9 10 mètres.

F. Leroy del. Adam et Dulos sc.

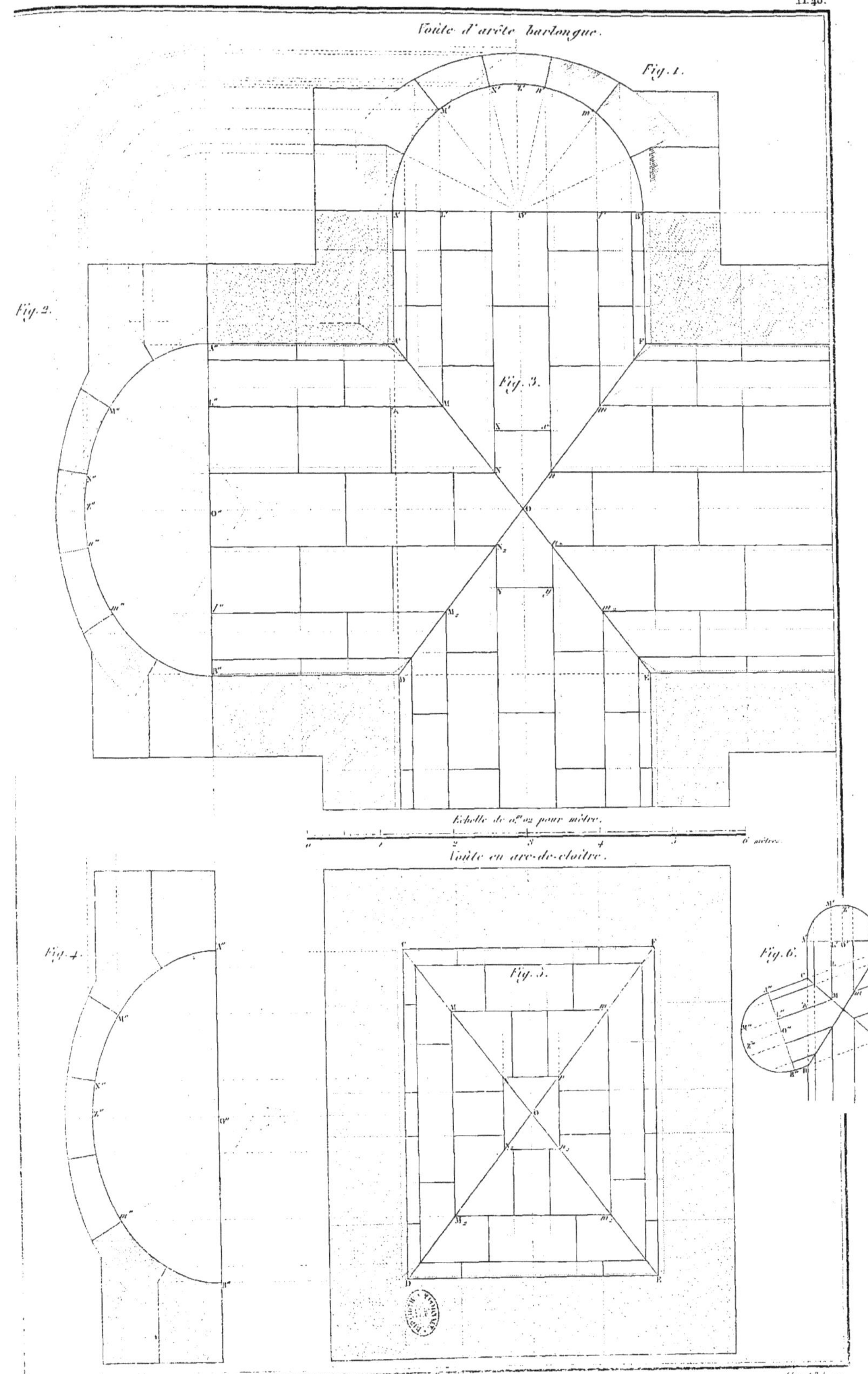
Voûte d'arête barlongue.
Fig. 1.
Fig. 2.
Fig. 3.
Echelle de 0m,02 pour mètre.
0 1 2 3 4 5 6 mètres.
Voûte en arc-de-cloître.
Fig. 4.
Fig. 5.
Fig. 6.

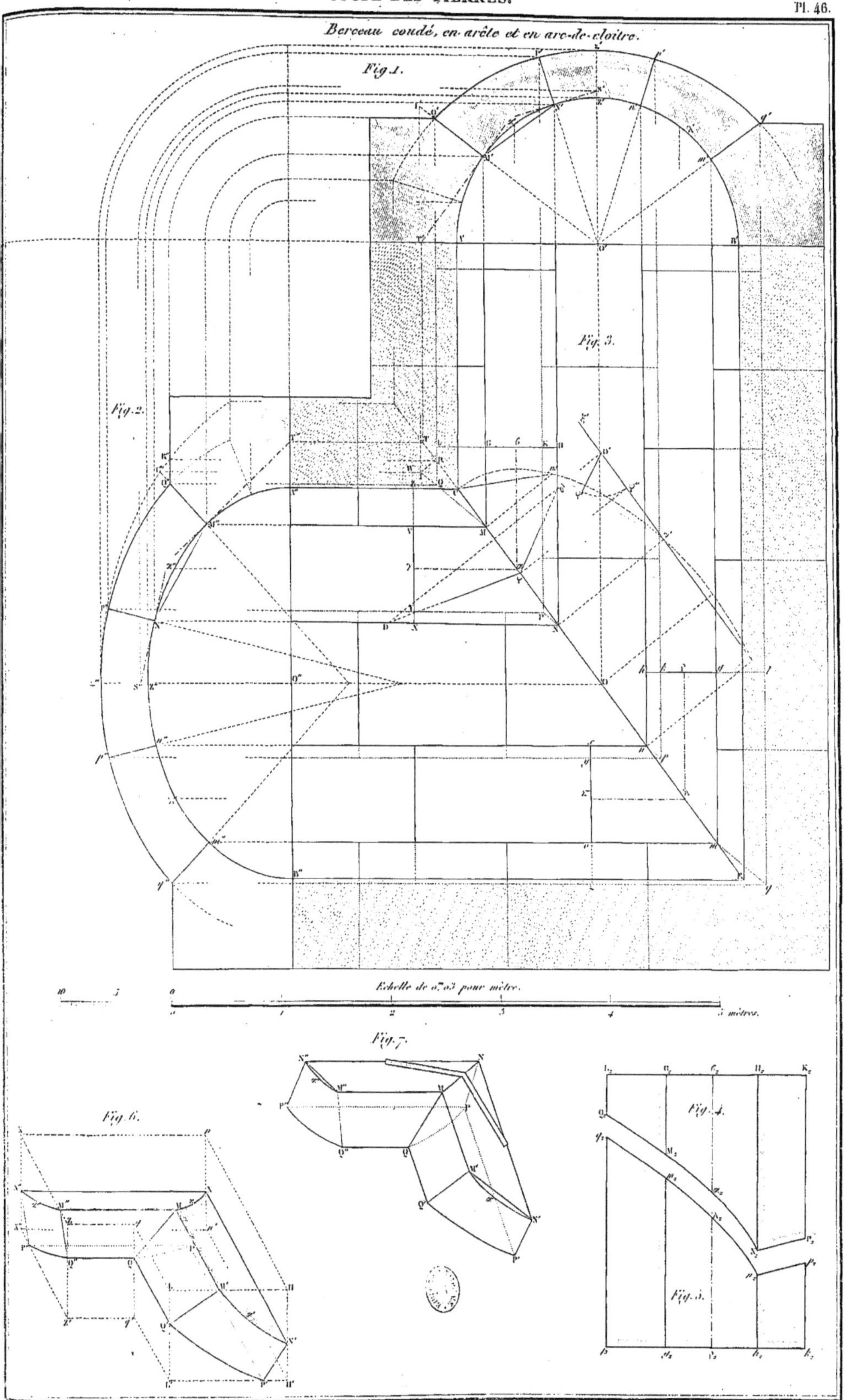
Berceau coudé, en arête et en arc-de-cloître.
Fig. 1.
Fig. 2.
Fig. 3.
Échelle de 0m,03 pour mètre.
5 mètres.
Fig. 7.
Fig. 6.
Fig. 4.
Fig. 5.

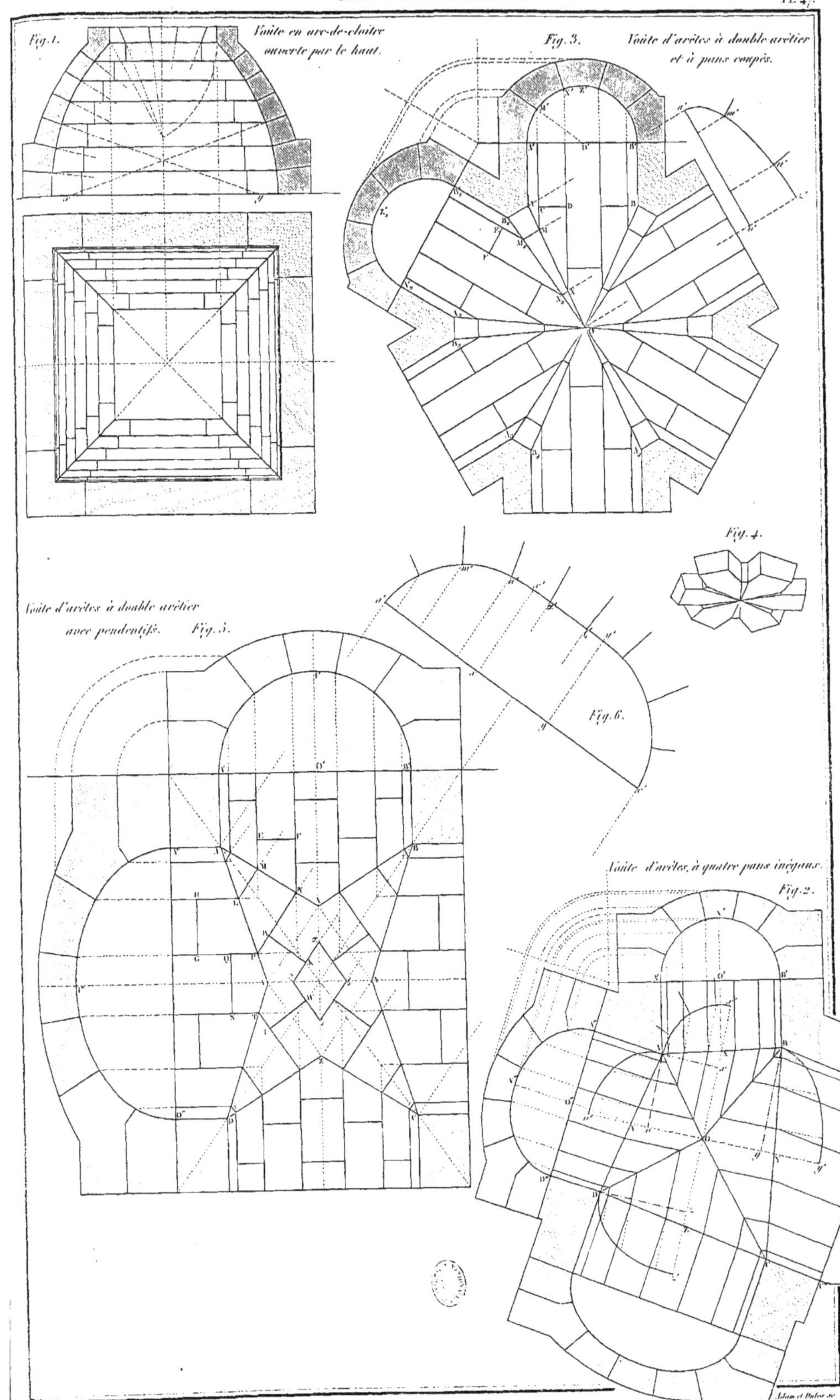

F. Leroy del. Adam et Dulos sc.

Lunette droite dans un Berceau.

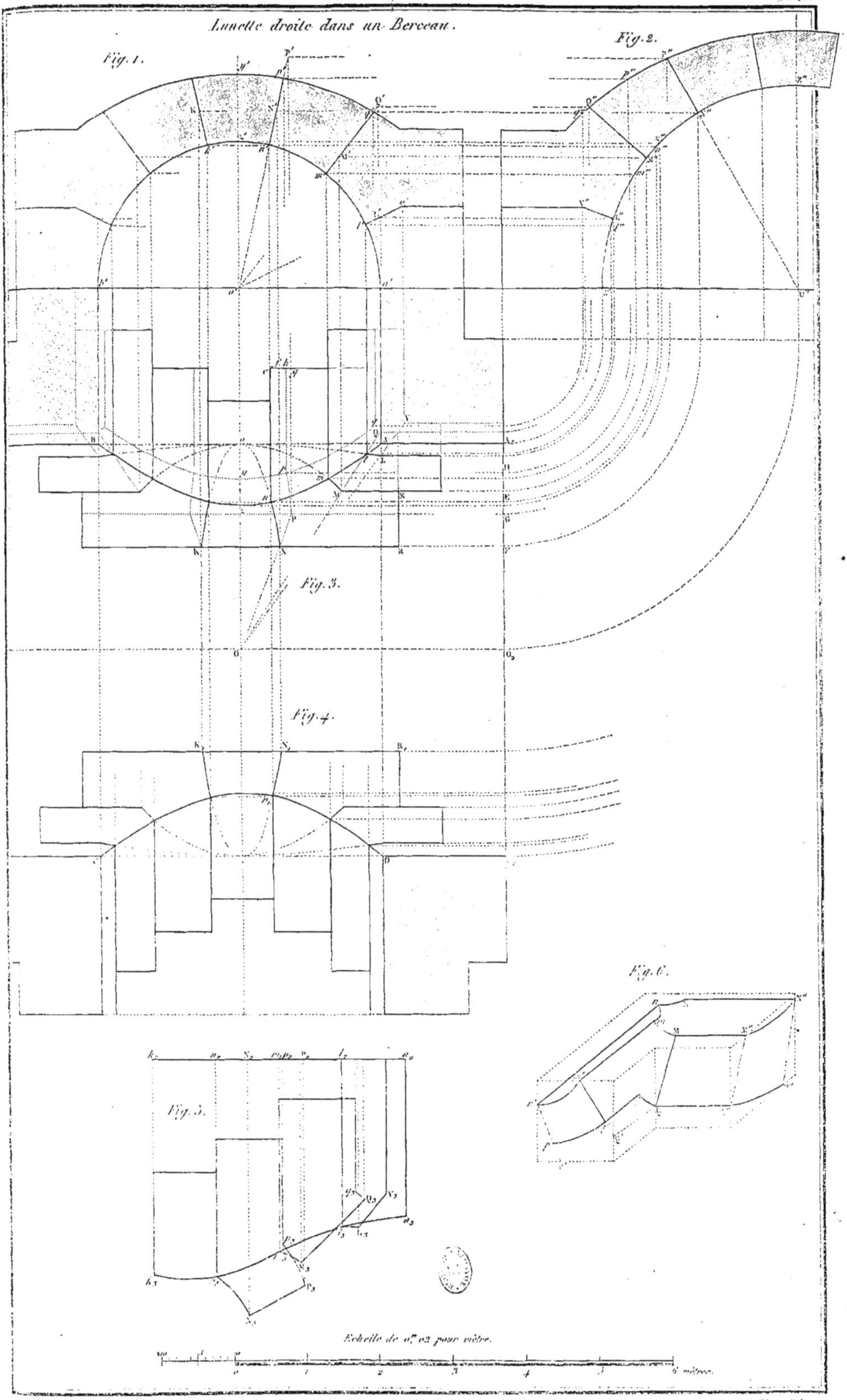

Fig. 1. Fig. 2. Fig. 3. Fig. 4. Fig. 5. Fig. 6.

Echelle de 0m 02 pour mètre.

0 1 2 3 4 5 6 mètres.

Leroy del. Jean et Cuivr sc.

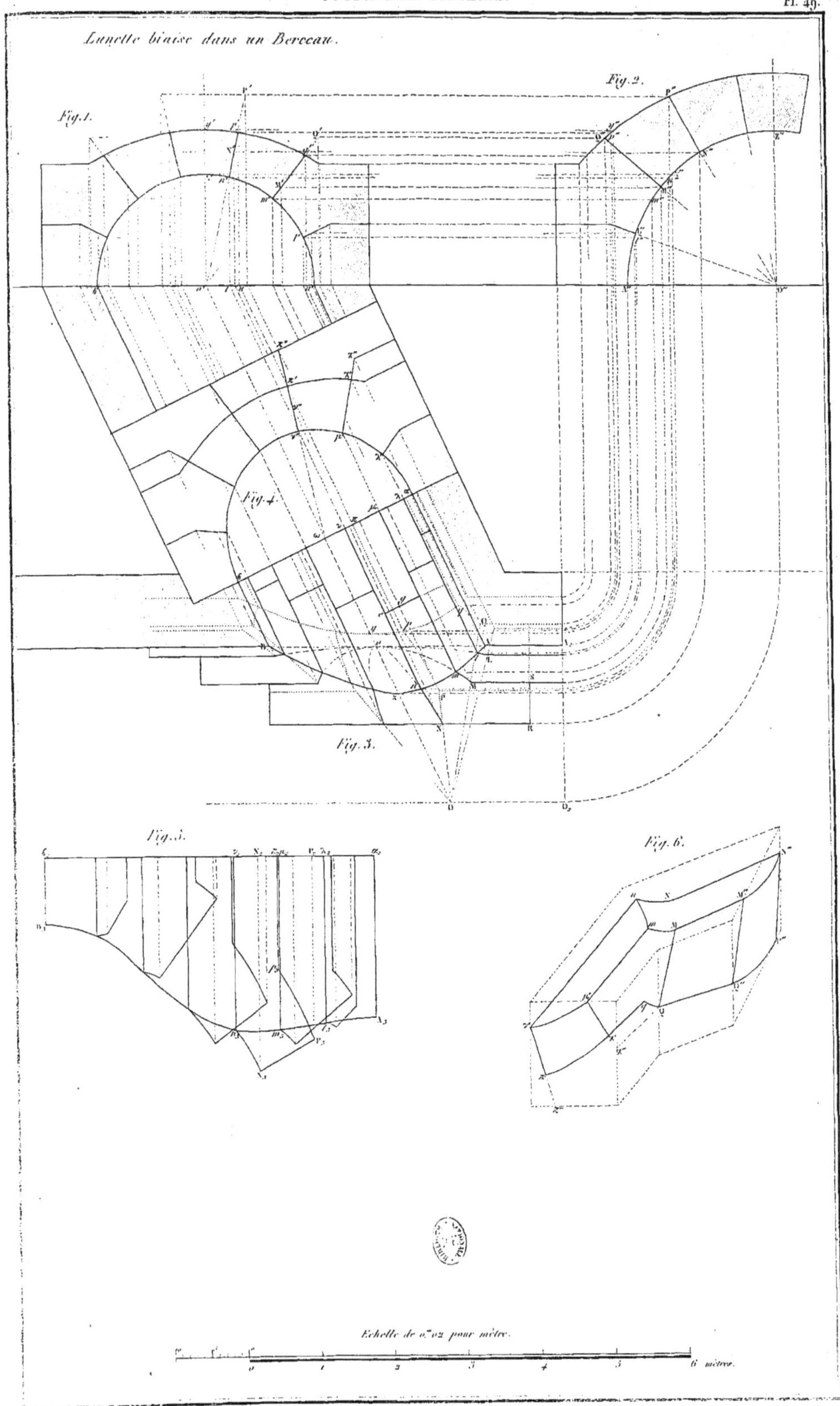

Leroy del. Adam et Dulos sc.

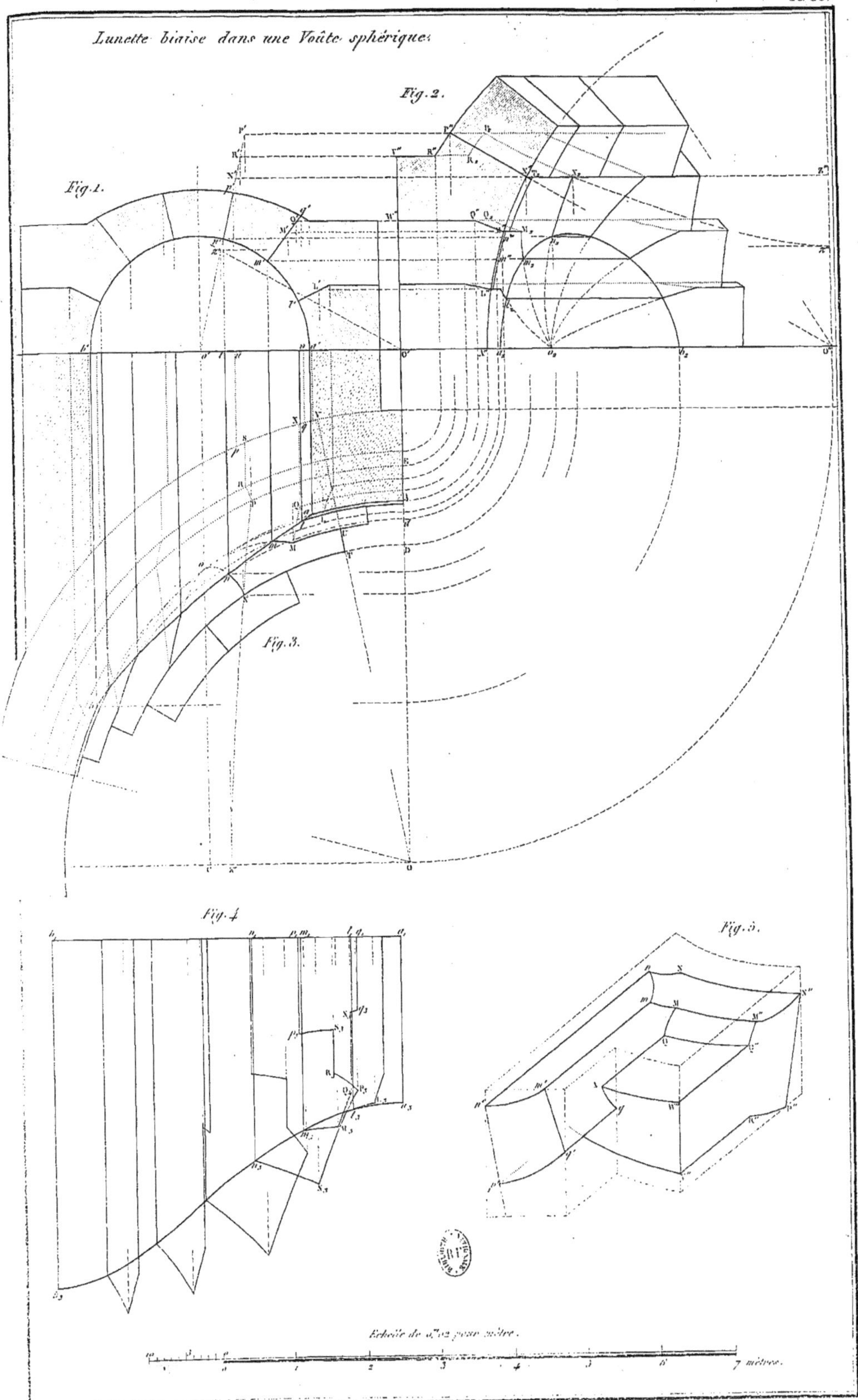
Lunette biaise dans une Voûte sphérique.
Fig. 1.
Fig. 2.
Fig. 3.
Fig. 4
Fig. 5.
Echelle de 0,02 pour mètre.
7 mètres.

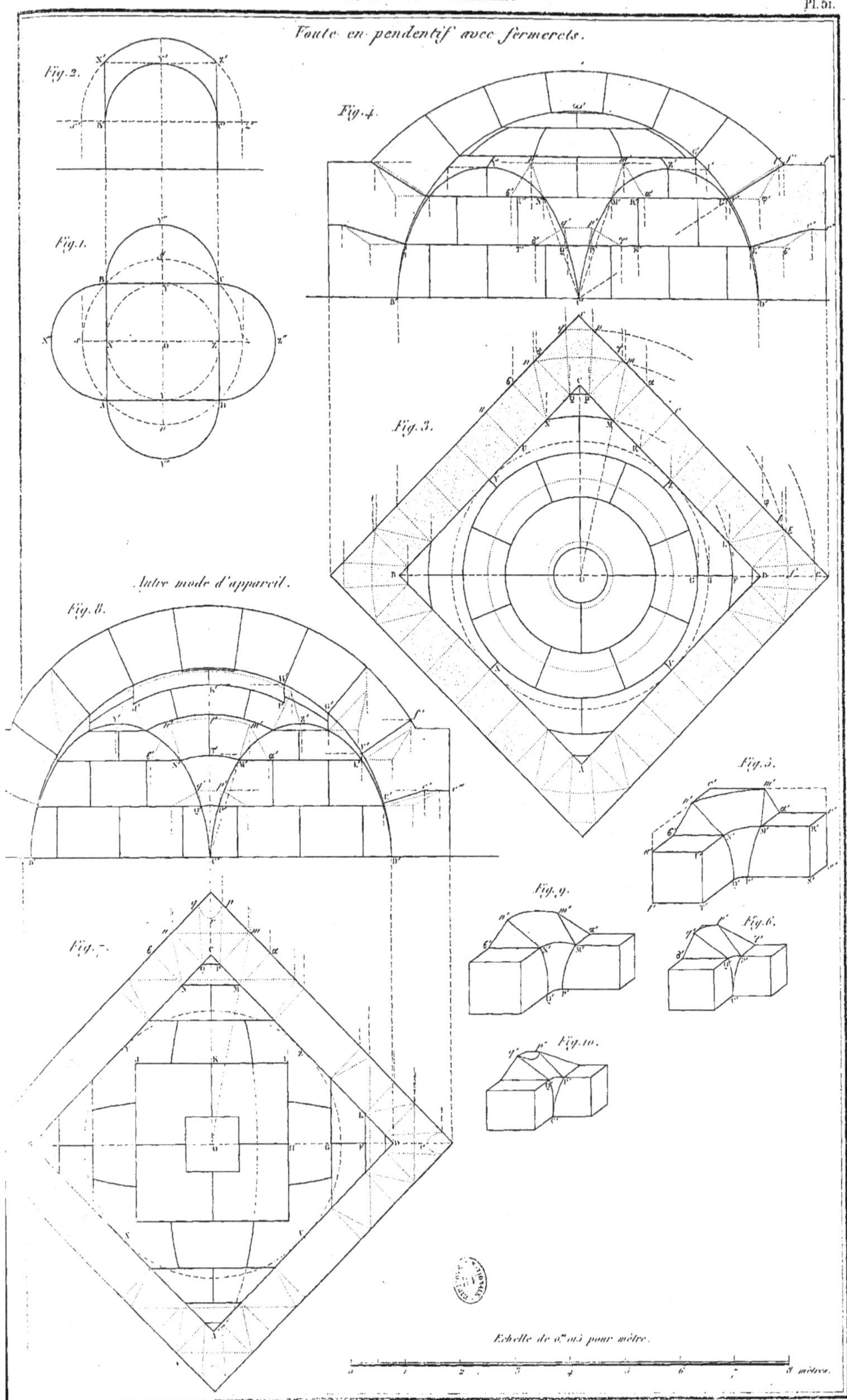
Voute en pendentif avec fermerets.
Fig. 1.
Fig. 2.
Fig. 3.
Fig. 4.
Fig. 5.
Fig. 6.
Autre mode d'appareil.
Fig. 7.
Fig. 8.
Fig. 9.
Fig. 10.
Echelle de 0m 015 pour mètre.
0 1 2 3 4 5 6 7 8 mètres.
Adam et Dulos sc.

Voûte en pendentif avec lunettes.

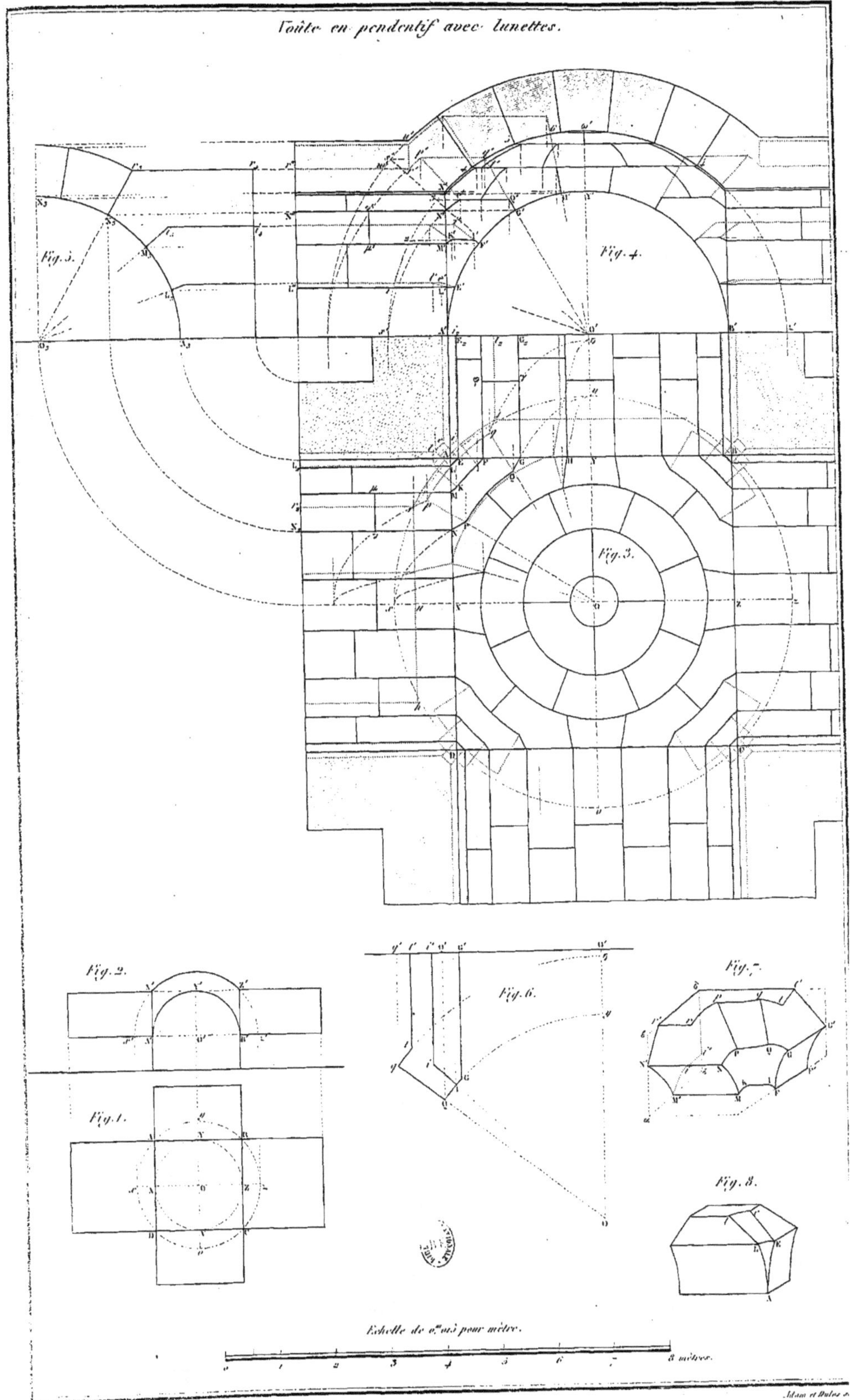

C. Leroy del. Adam et Dulos sc.

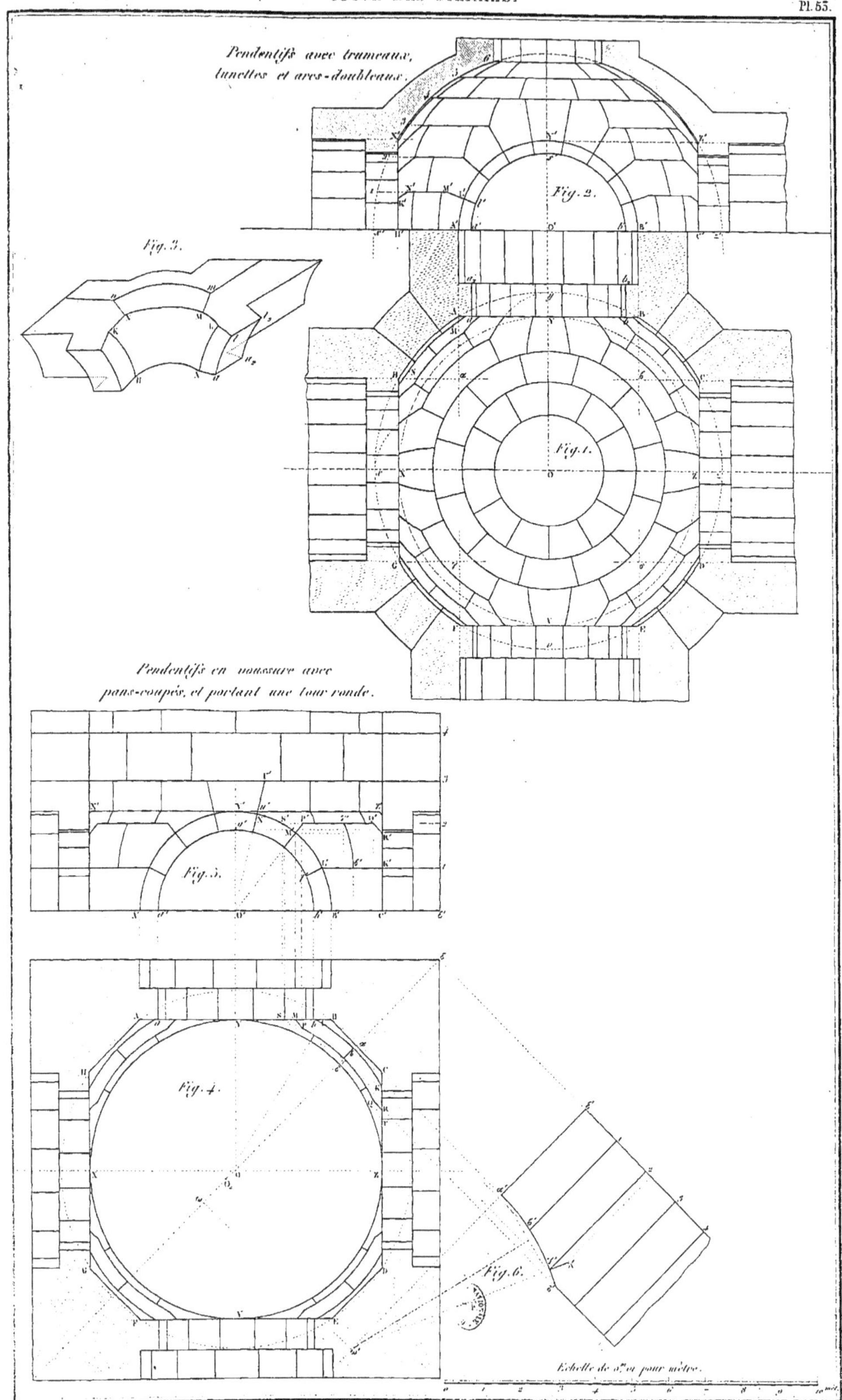

V. Leroy del. Adam et Dulos sc.

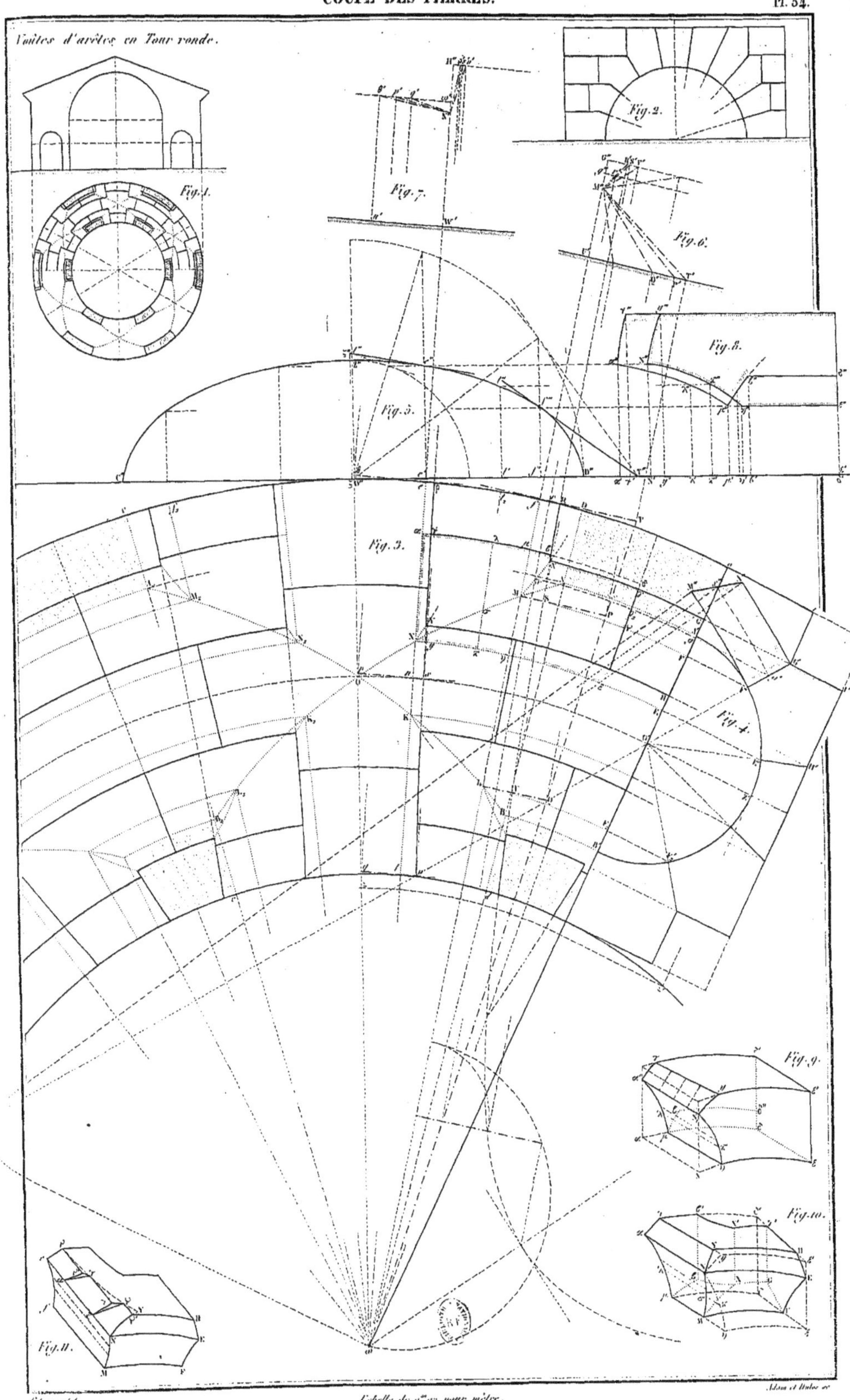

Échelle de 0,m 02 pour mètre.

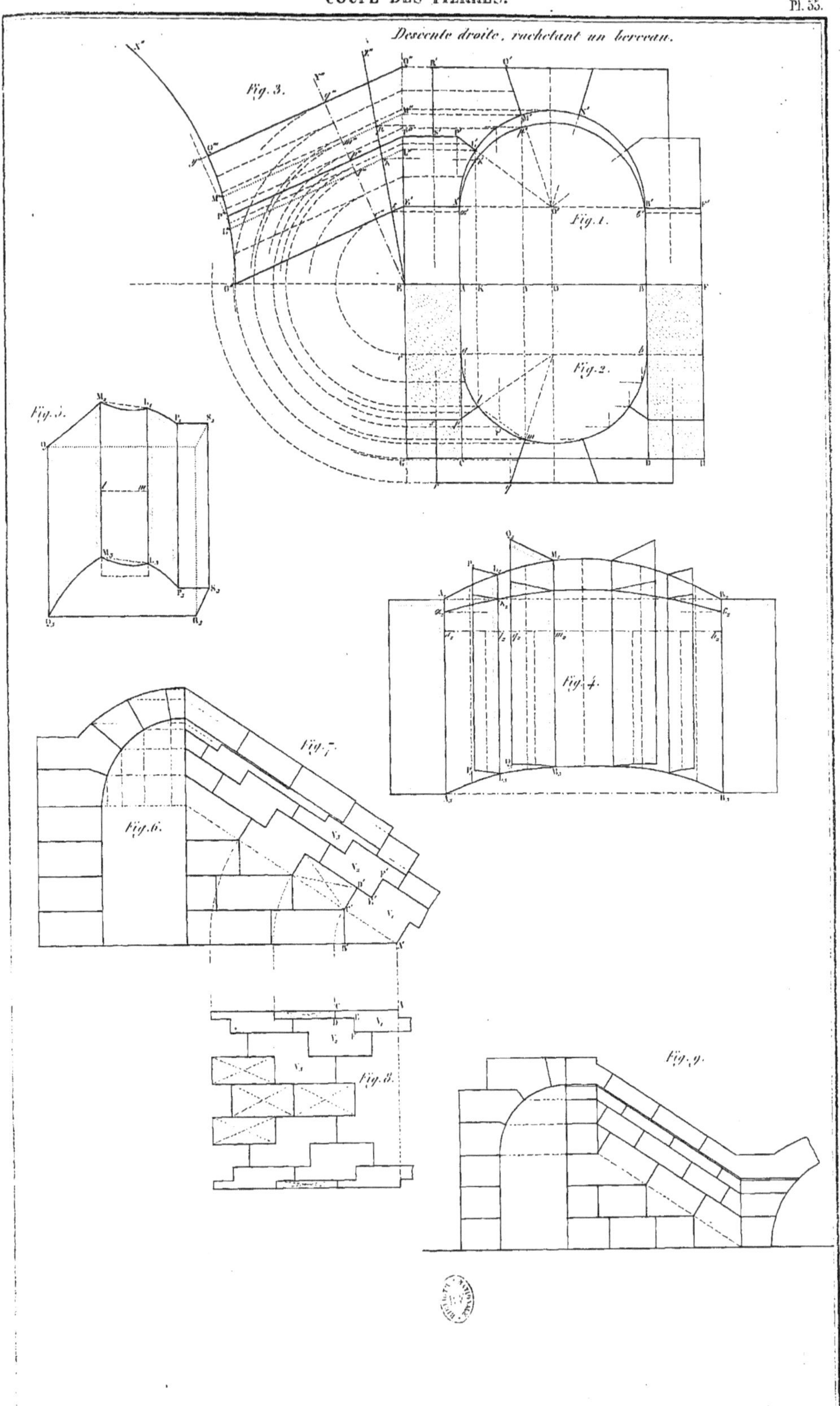
Descente droite, rachetant un berceau.
Fig. 3.
Fig. 1.
Fig. 2.
Fig. 5.
Fig. 4.
Fig. 7.
Fig. 6.
Fig. 8.
Fig. 9.

Descente biaise, rachetant un berceau en maçonnerie.

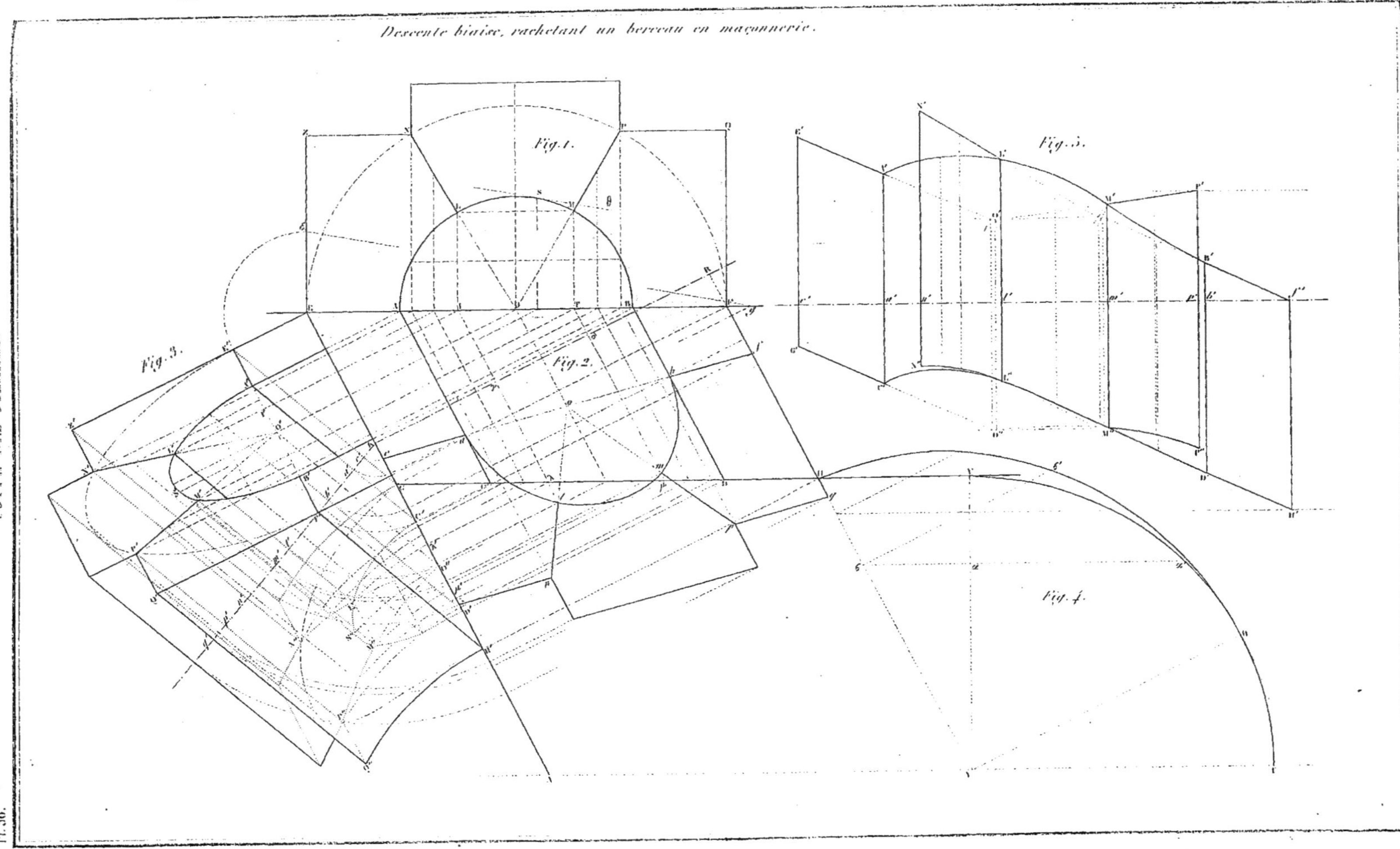

Descente biaise, rachetant un berceau : 2ème solution.

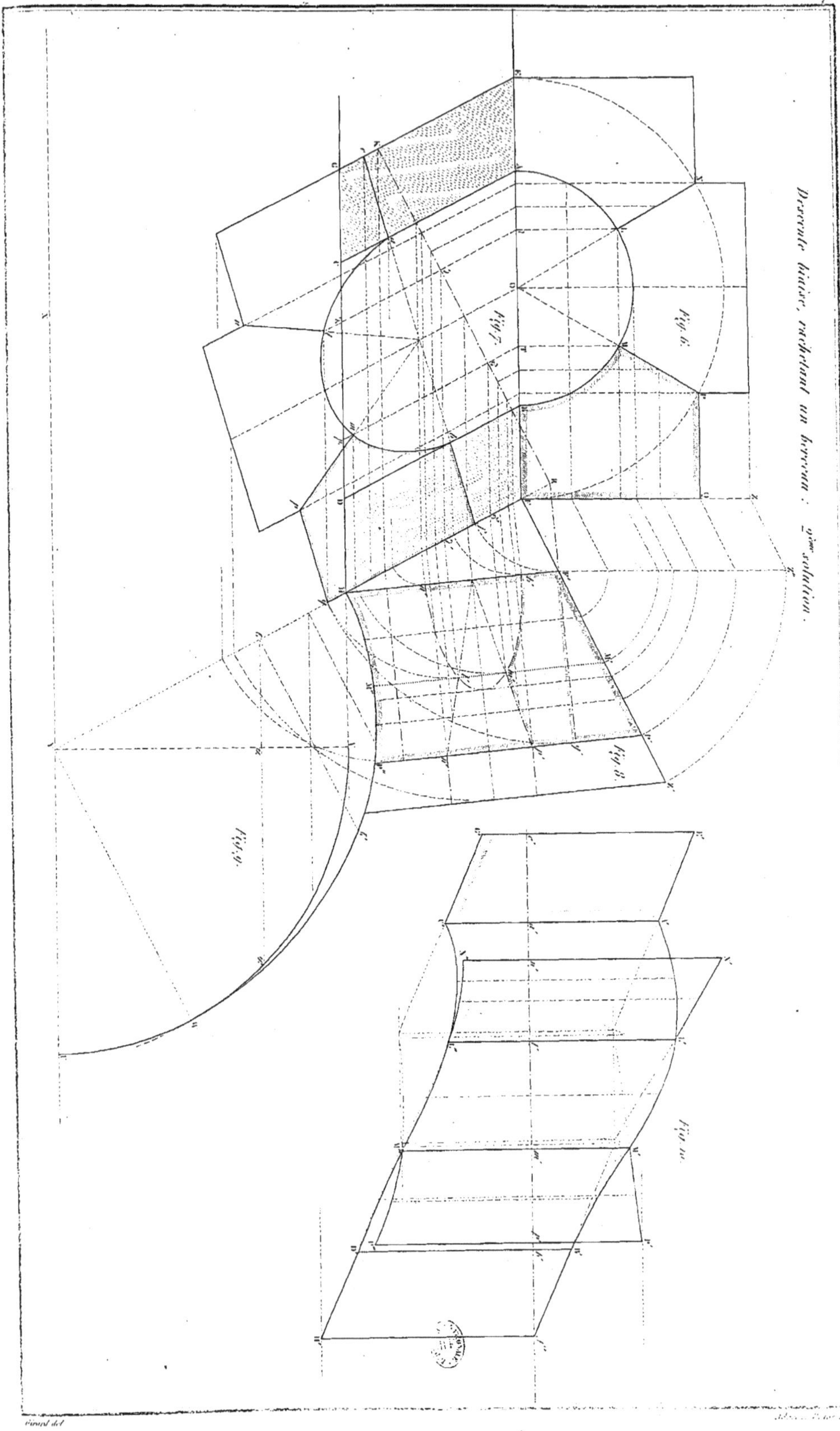

Fig. 6.

Fig. 7.

Fig. 8.

Fig. 9.

Fig. 10.

Girard del.

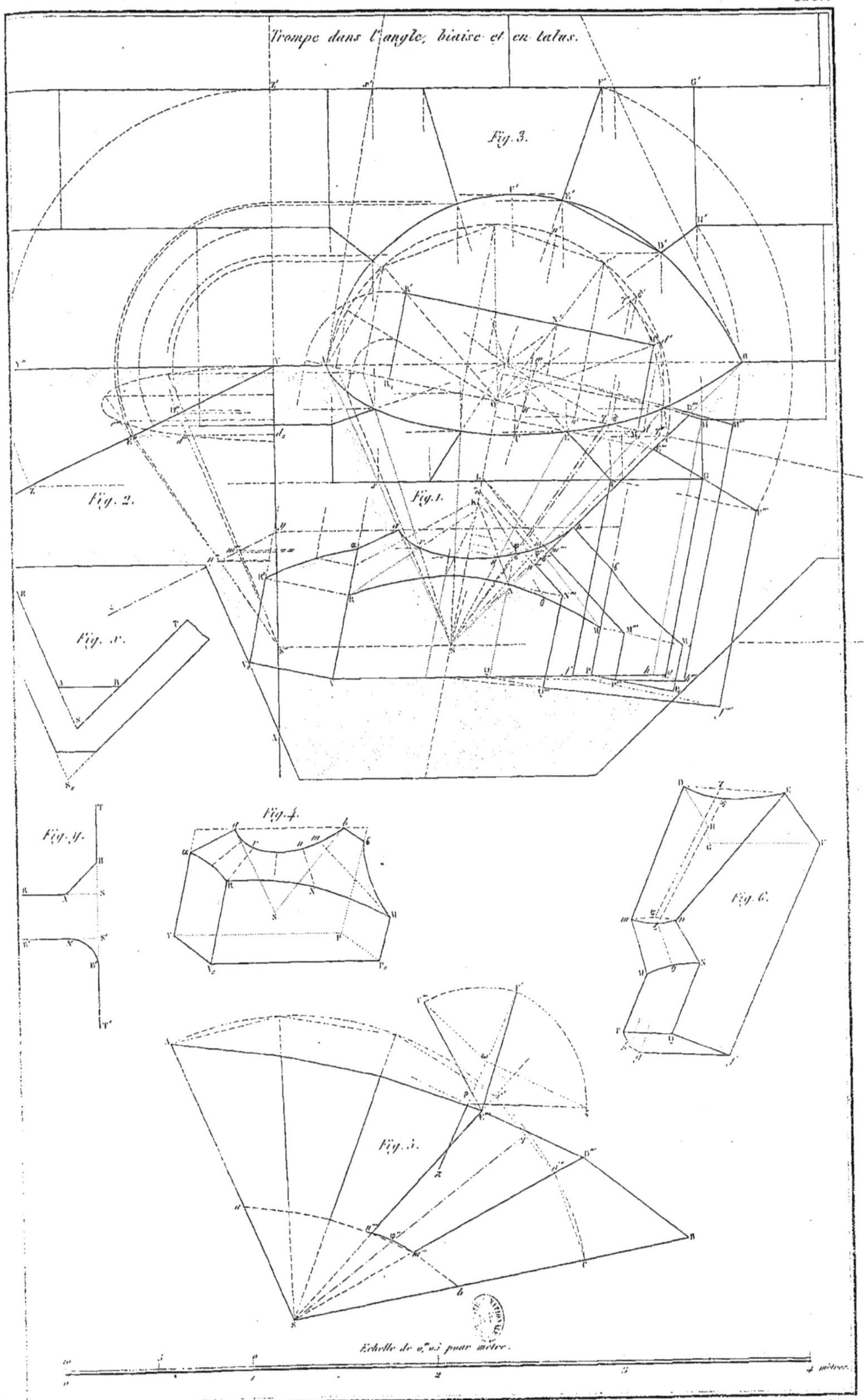
Trompe dans l'angle, biaise et en talus.
Fig. 3.
Fig. 2.
Fig. 1.
Fig. x.
Fig. y.
Fig. 4.
Fig. 6.
Fig. 5.
Echelle de 0m,03 pour mètre.
4 mètres.

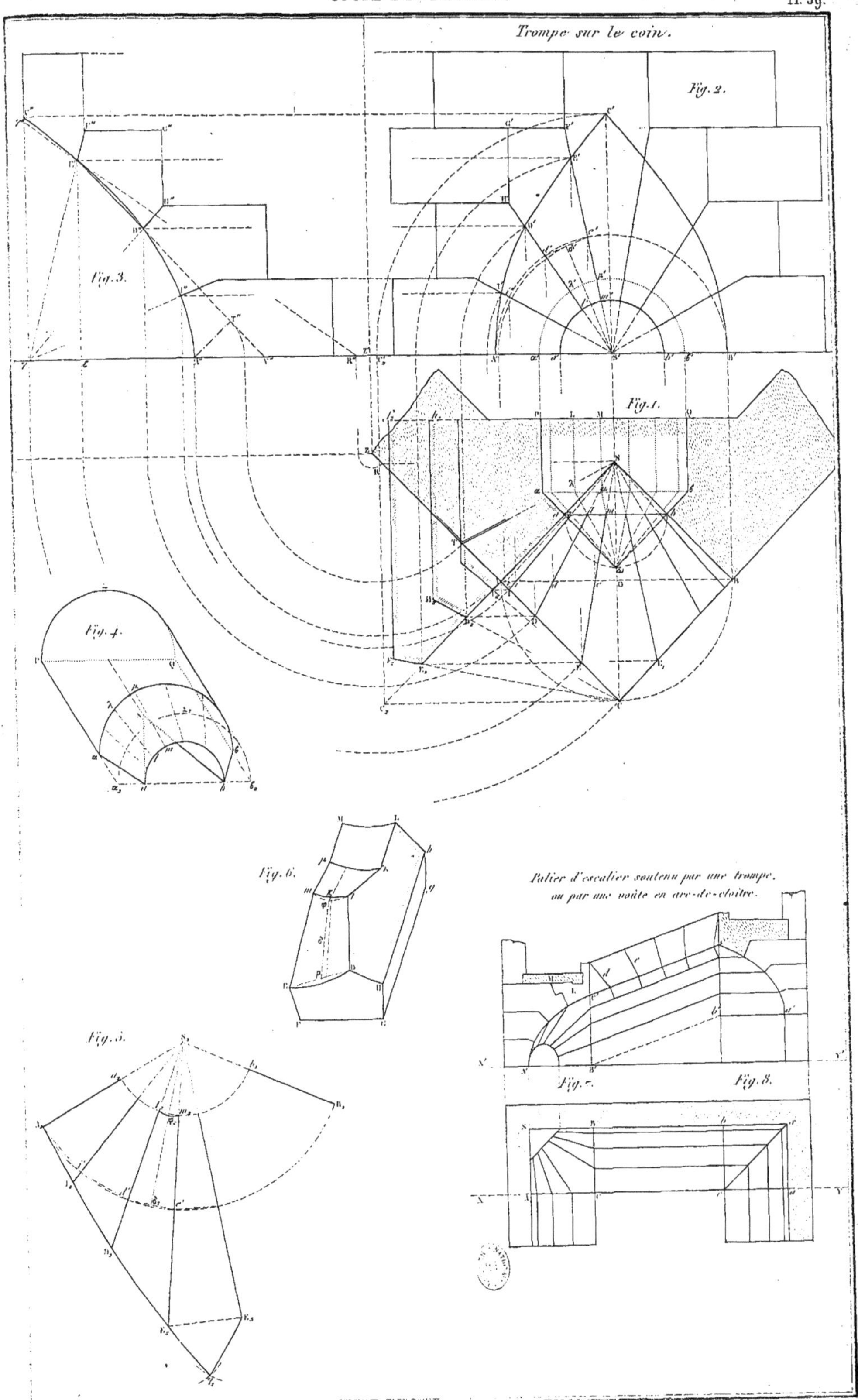
Trompe sur le coin.
Fig. 1.
Fig. 2.
Fig. 3.
Fig. 4.
Fig. 5.
Fig. 6.
Palier d'escalier soutenu par une trompe, ou par une voûte en arc-de-cloître.
Fig. 7.
Fig. 8.

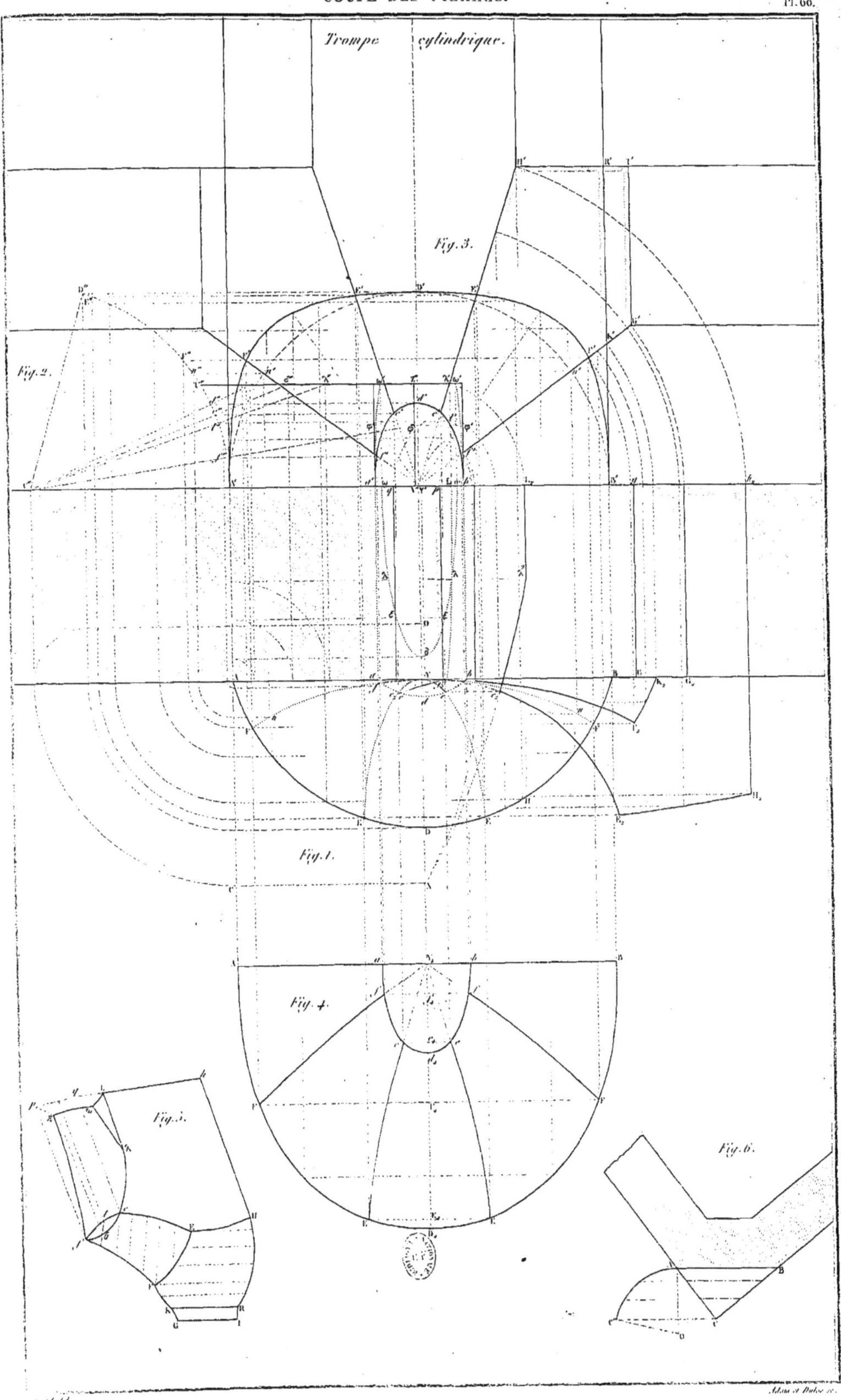

Adam et Dulos sc.

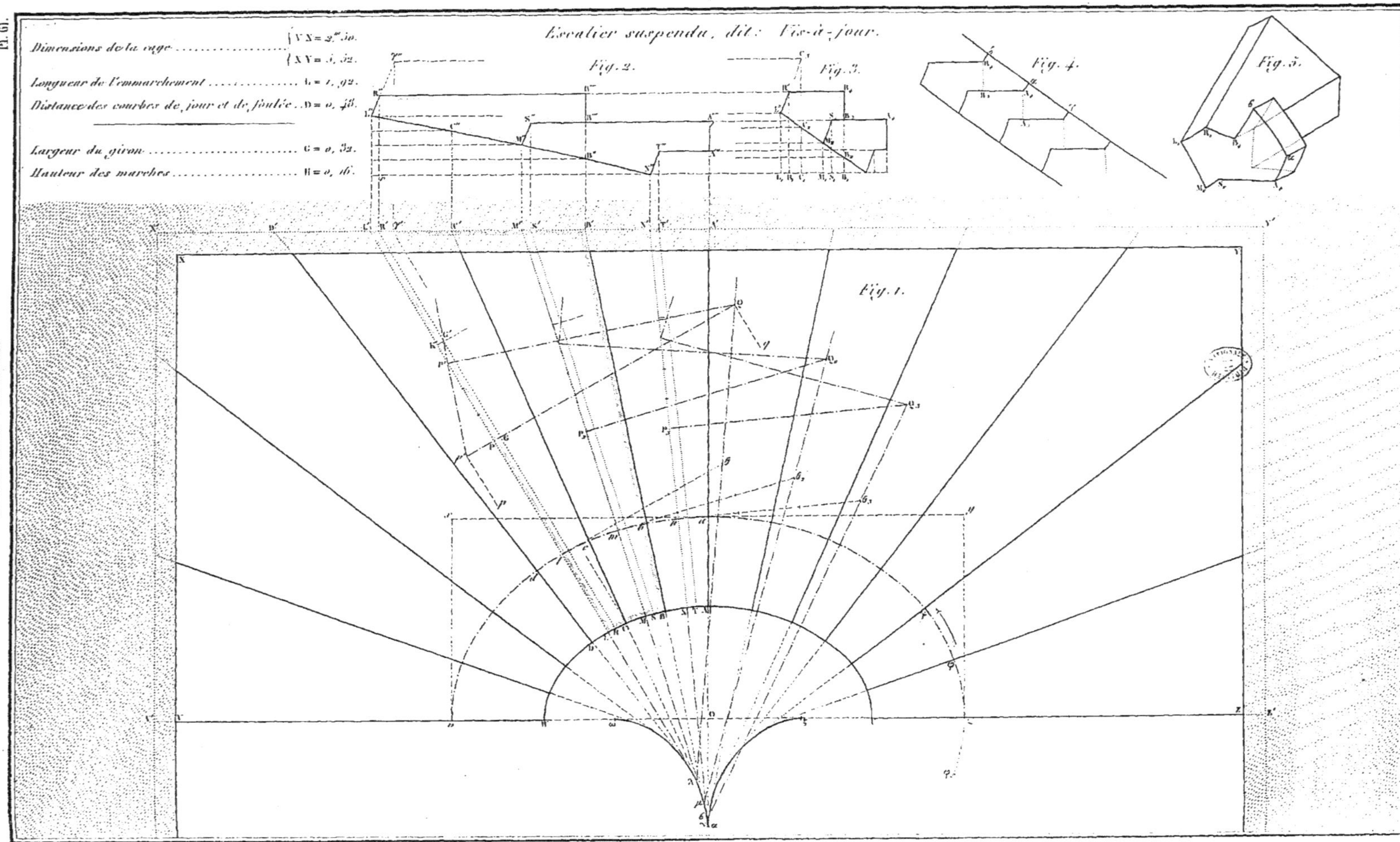
Escalier suspendu, dit: Vis-à-jour.
Dimensions de la cage .... VX = 2m,50. XY = 5, 52.
Longueur de l'emmarchement .... L = 1, 92.
Distance des courbes de jour et de foulée .. D = 0, 48.
Largeur du giron .... G = 0, 32.
Hauteur des marches .... H = 0, 16.
Fig. 1.
Fig. 2.
Fig. 3.
Fig. 4.
Fig. 5.

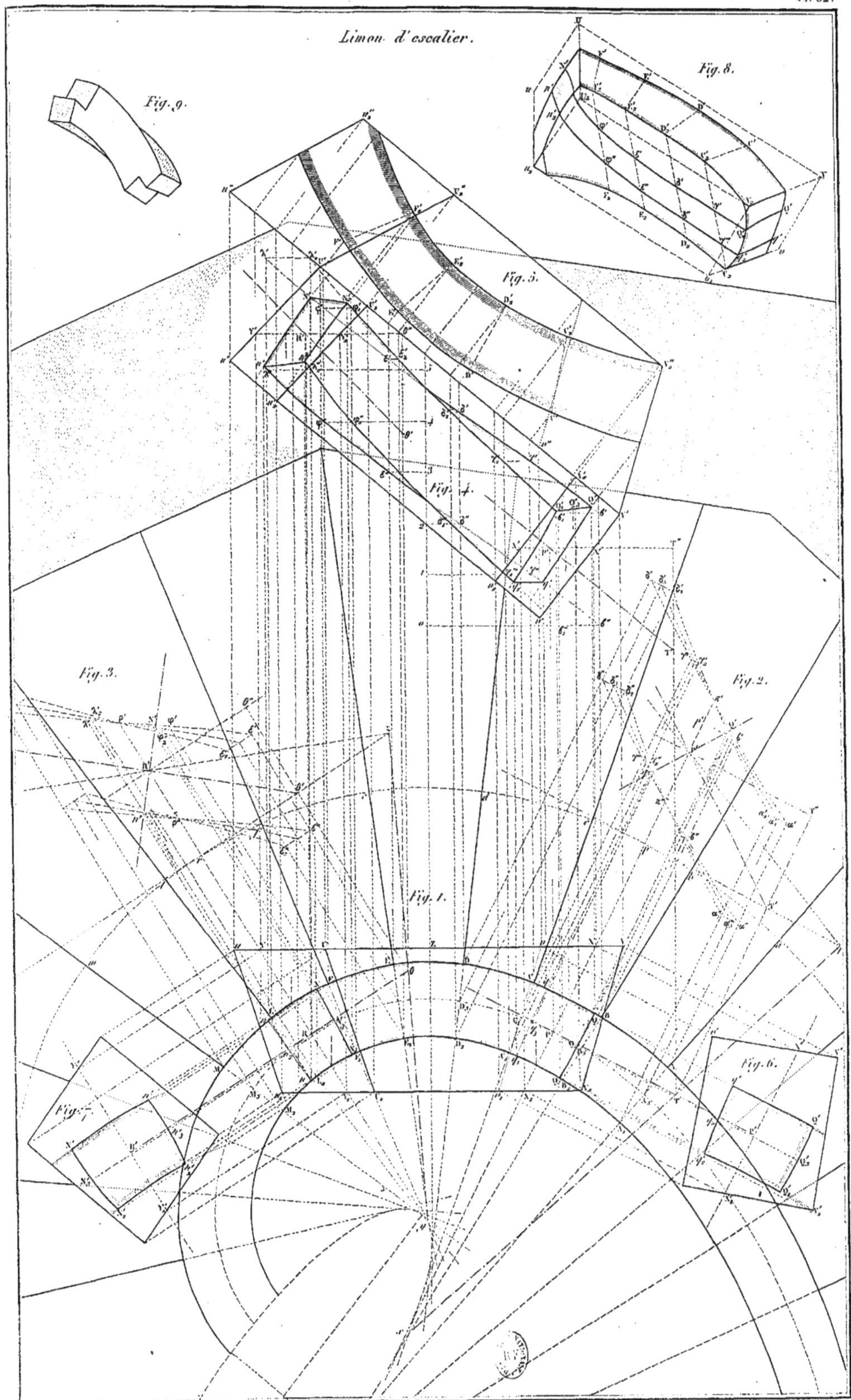

Girard del. Adam et Dulos sc.

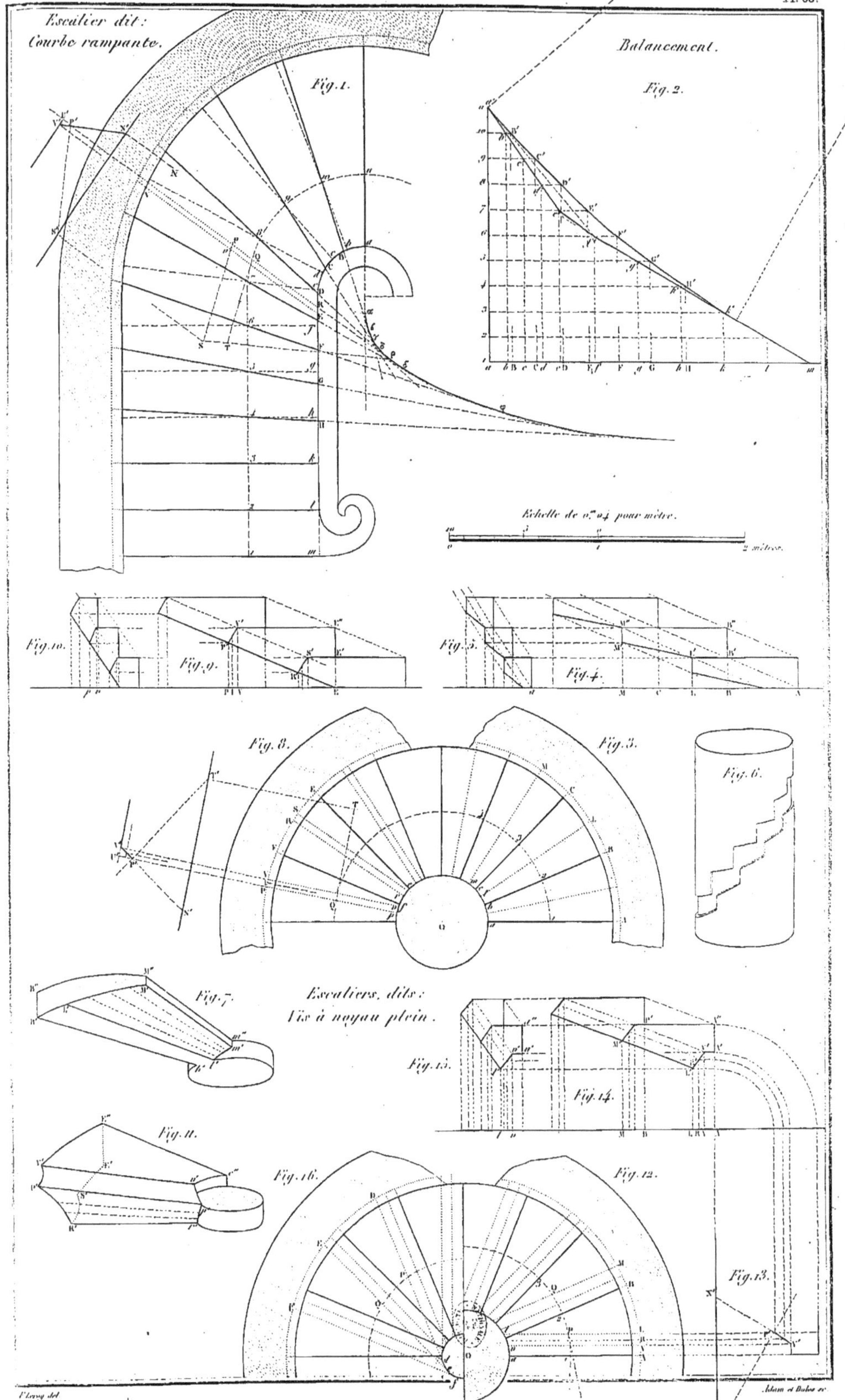
Escalier dit:
Courbe rampante.
Fig. 1.
Balancement.
Fig. 2.
Échelle de 0.m 04 pour mètre.
2 mètres.
Fig. 10.
Fig. 9.
Fig. 5.
Fig. 4.
Fig. 8.
Fig. 3.
Fig. 6.
Fig. 7.
Escaliers, dits:
Vis à noyau plein.
Fig. 15.
Fig. 14.
Fig. 11.
Fig. 16.
Fig. 12.
Fig. 13.

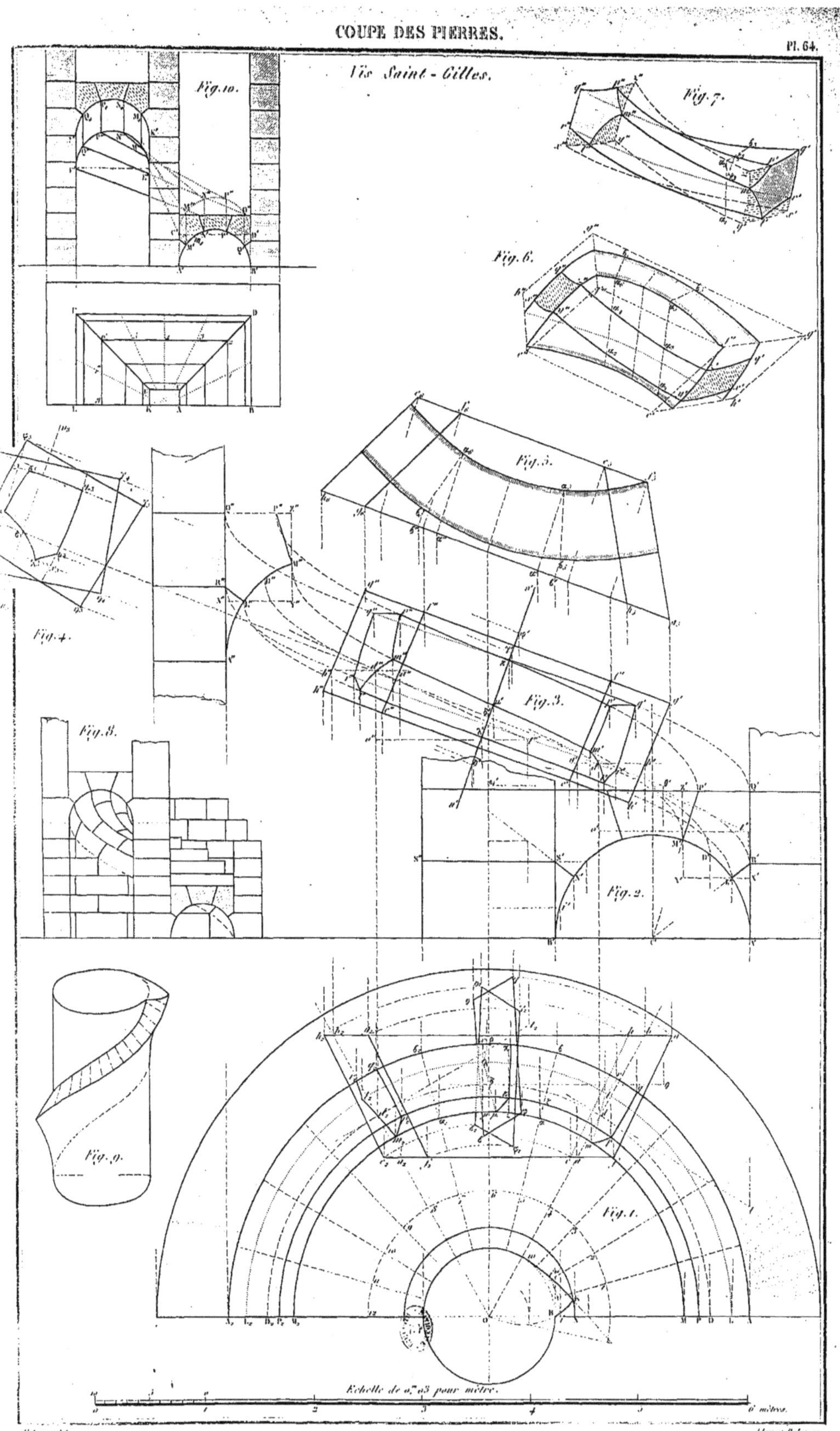
Vis Saint-Gilles.
Fig. 10.
Fig. 7.
Fig. 6.
Fig. 5.
Fig. 4.
Fig. 3.
Fig. 8.
Fig. 2.
Fig. 9.
Fig. 1.
Echelle de 0,m 03 pour mètre.
6 mètres.

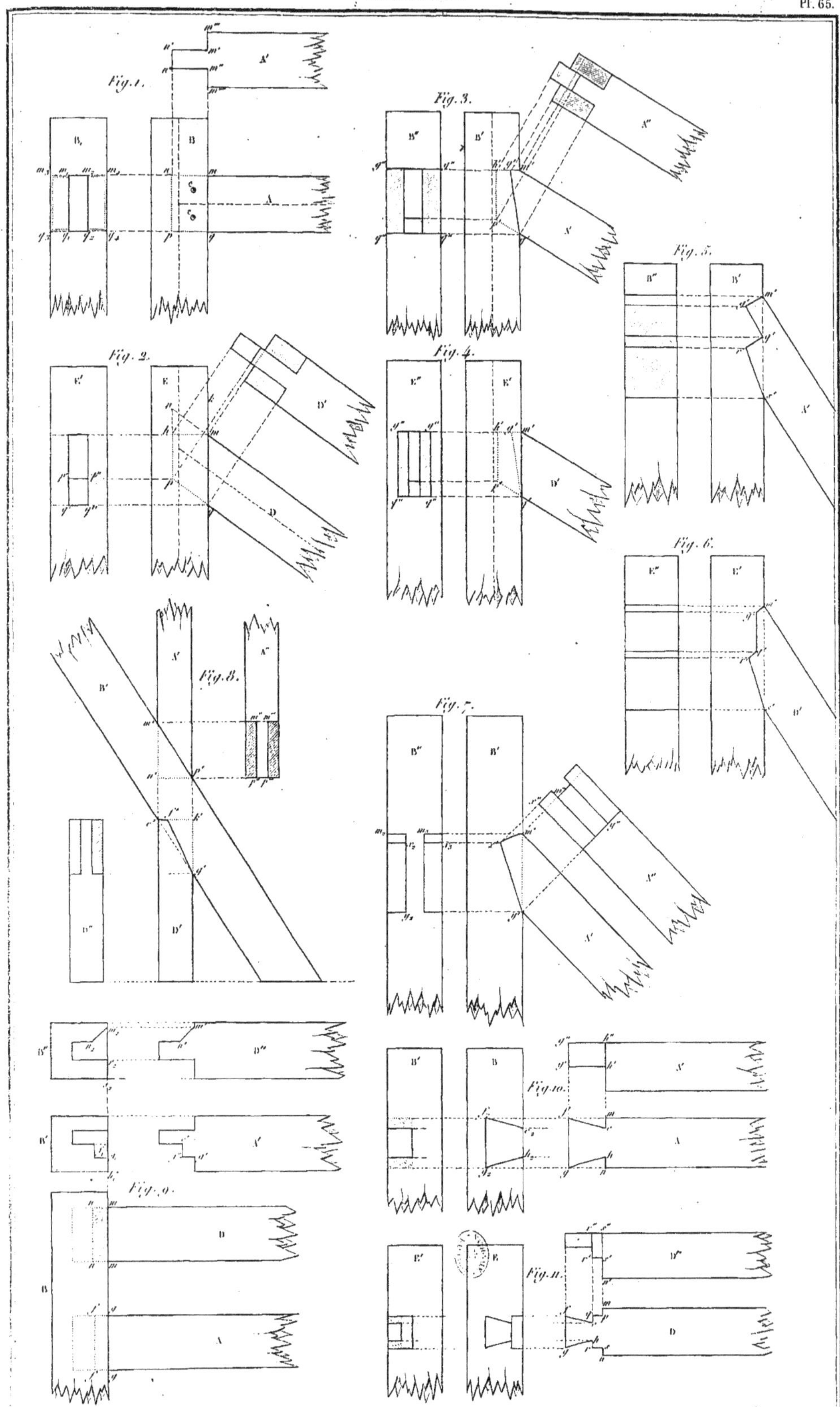
Fig. 1.
Fig. 2.
Fig. 3.
Fig. 4.
Fig. 5.
Fig. 6.
Fig. 7.
Fig. 8.
Fig. 9.
Fig. 10.
Fig. 11.

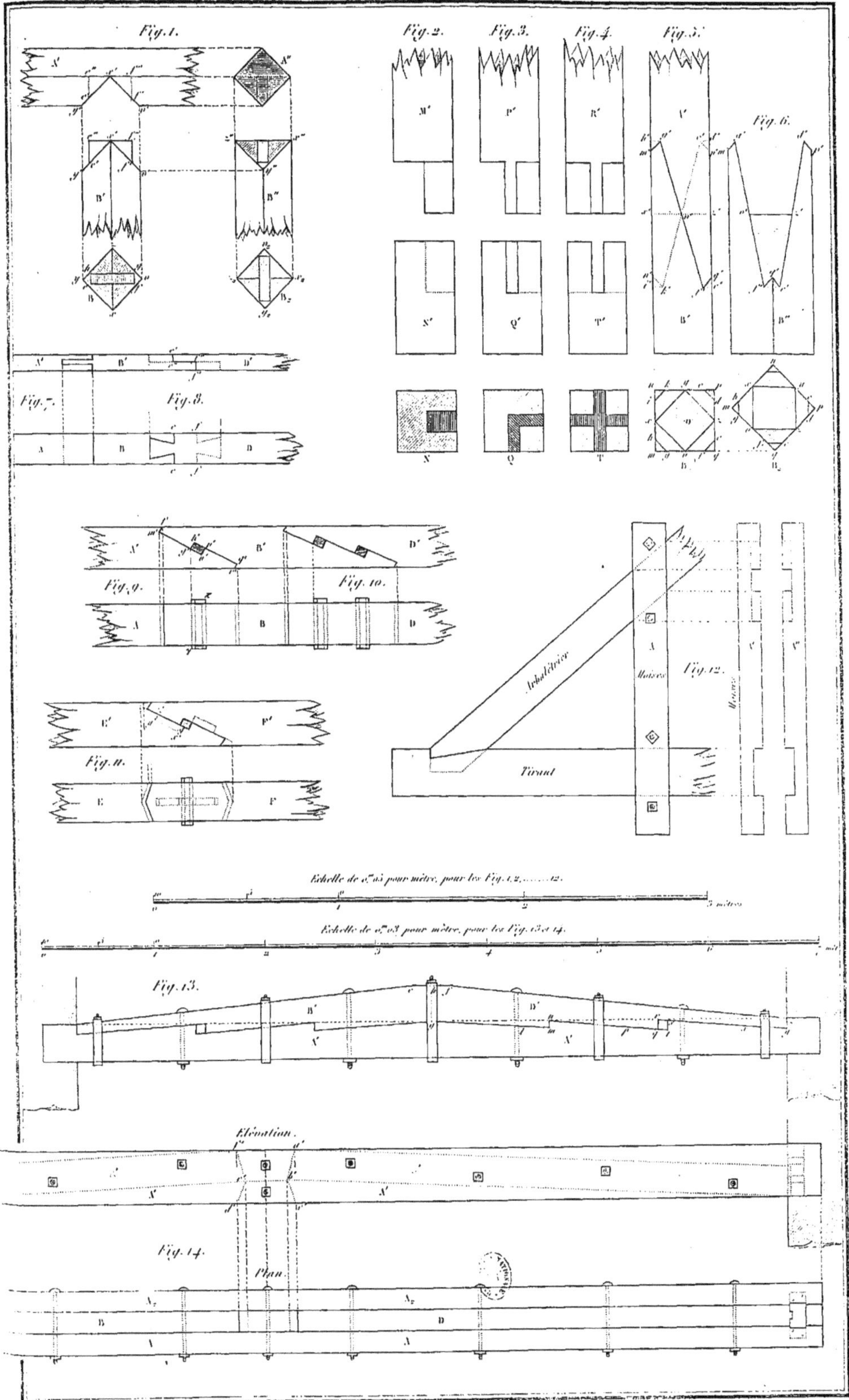

F. Leroy del.
Adam et Dulos sc.

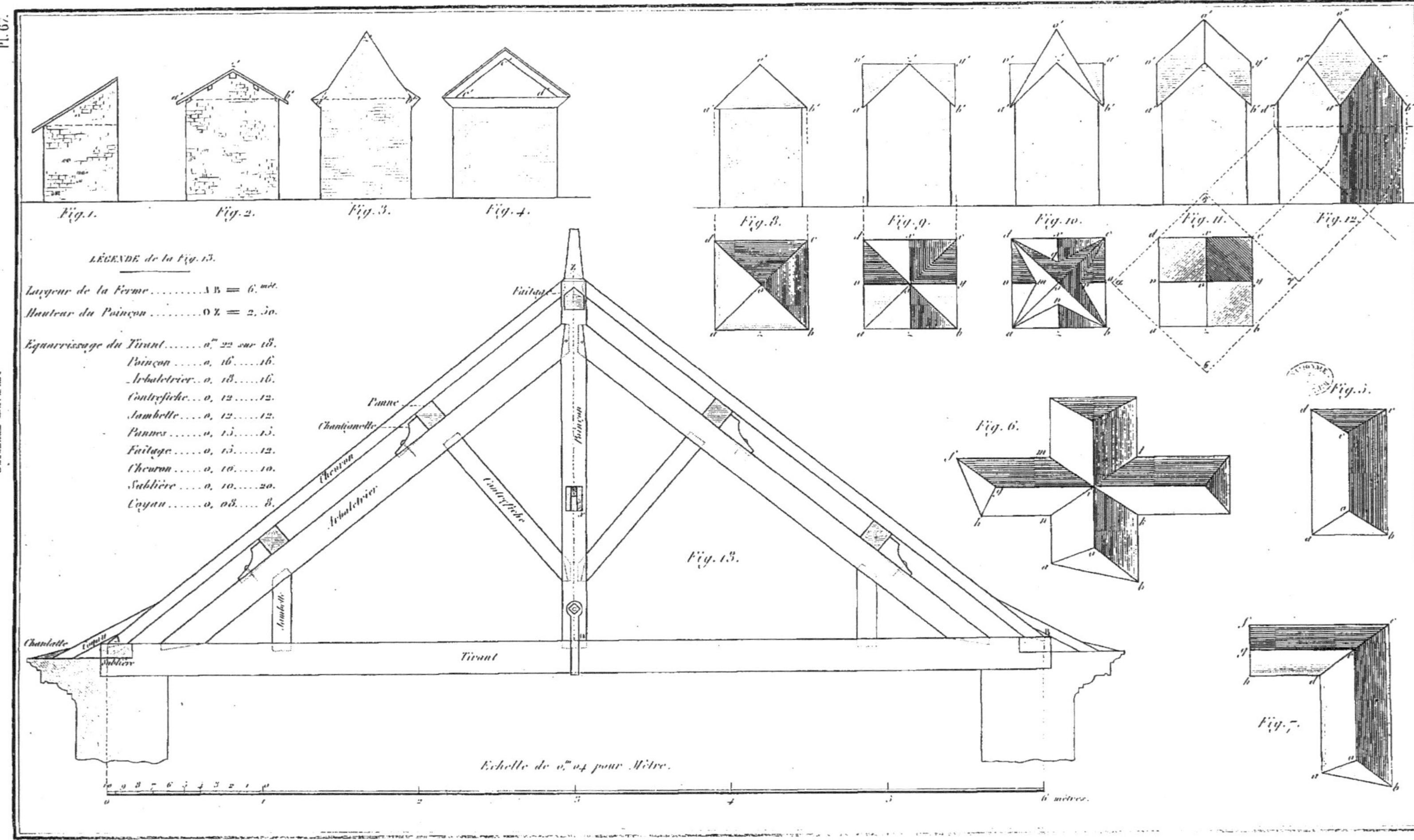

F. Leroy del.

Adam et Dulos sc.

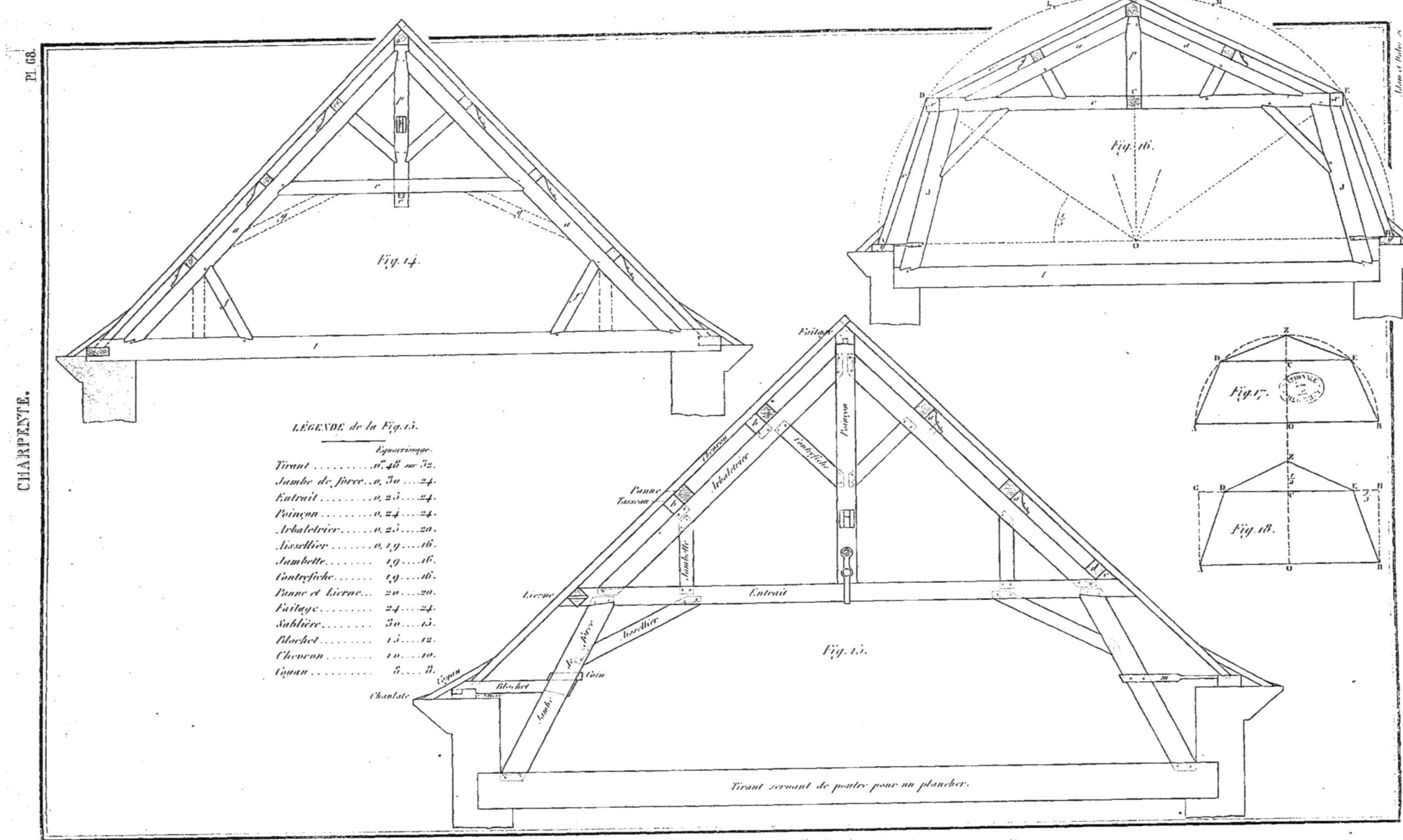
Fig. 14.
Fig. 16.
Fig. 17.
Fig. 18.
Fig. 15.
LÉGENDE de la Fig. 15.
Équarrissage.
Tirant .... 0m.48 sur 32.
Jambe de force .. 0,30 ... 24.
Entrait .... 0,25 ... 24.
Poinçon .... 0,24 ... 24.
Arbalétrier ...... 0,25 ... 20.
Aisselier .... 0,19 ... 16.
Jambette .... 19 ... 16.
Contrefiche ...... 19 ... 16.
Panne et Lierne ... 20 ... 20.
Faîtage .... 24 ... 24.
Sablière .... 30 ... 15.
Blochet .... 15 ... 12.
Chevron .... 10 ... 10.
Coyau .... 8 ... 8.
Faîtage
Poinçon
Chevron
Arbalétrier
Contrefiche
Panne
Tasseau
Jambette
Lierne
Entrait
Aisselier
Jambe de force
Coin
Coyau
Blochet
Chanlate
Tirant servant de poutre pour un plancher.

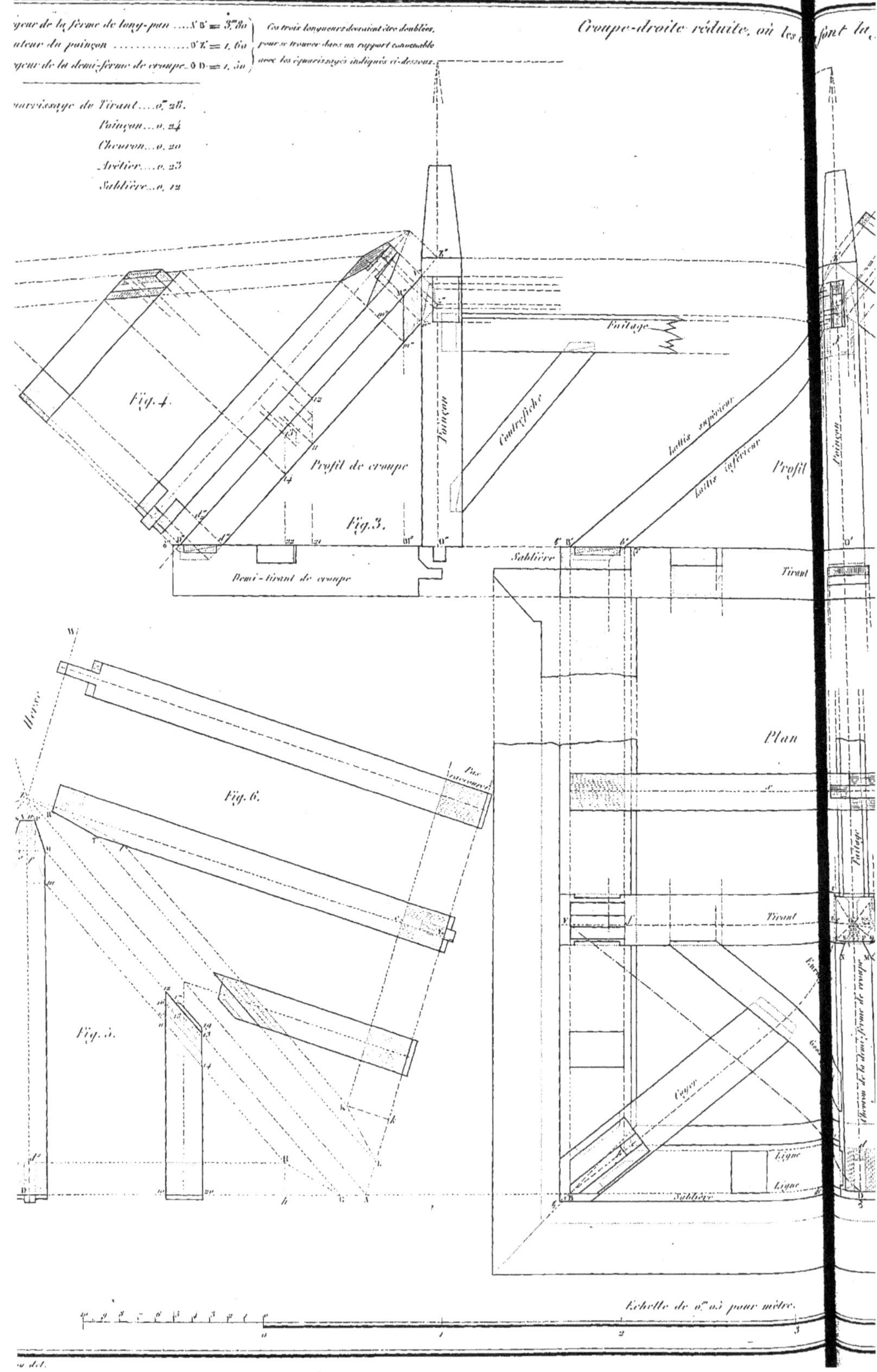
…gueur de la ferme de long-pan … S B' = 3.m 80
…uteur du poinçon … O' Z' = 1. 60
…gueur de la demi-ferme de croupe … O D = 1. 50
Ces trois longueurs devraient être doublées, pour se trouver dans un rapport convenable avec les équarrissages indiqués ci-dessous.
…uarrissage de Tirant … 0.m 28.
Poinçon … 0. 24
Chevron … 0. 20
Arêtier … 0. 23
Sablière … 0. 12
Croupe-droite réduite, où les … font la …
Faîtage
Fig. 4.
Poinçon
Contrefiche
lattis supérieur
lattis inférieur
Profil de croupe
Profil
Fig. 3.
Sablière
Demi-tirant de croupe
Tirant
Fig. 6.
Plan
Fig. 5.
Faîtage
Tirant
Coyer
Ligne
Ligne
Sablière
Échelle de 0.m 05 pour mètre.

CH[illegible]TE.

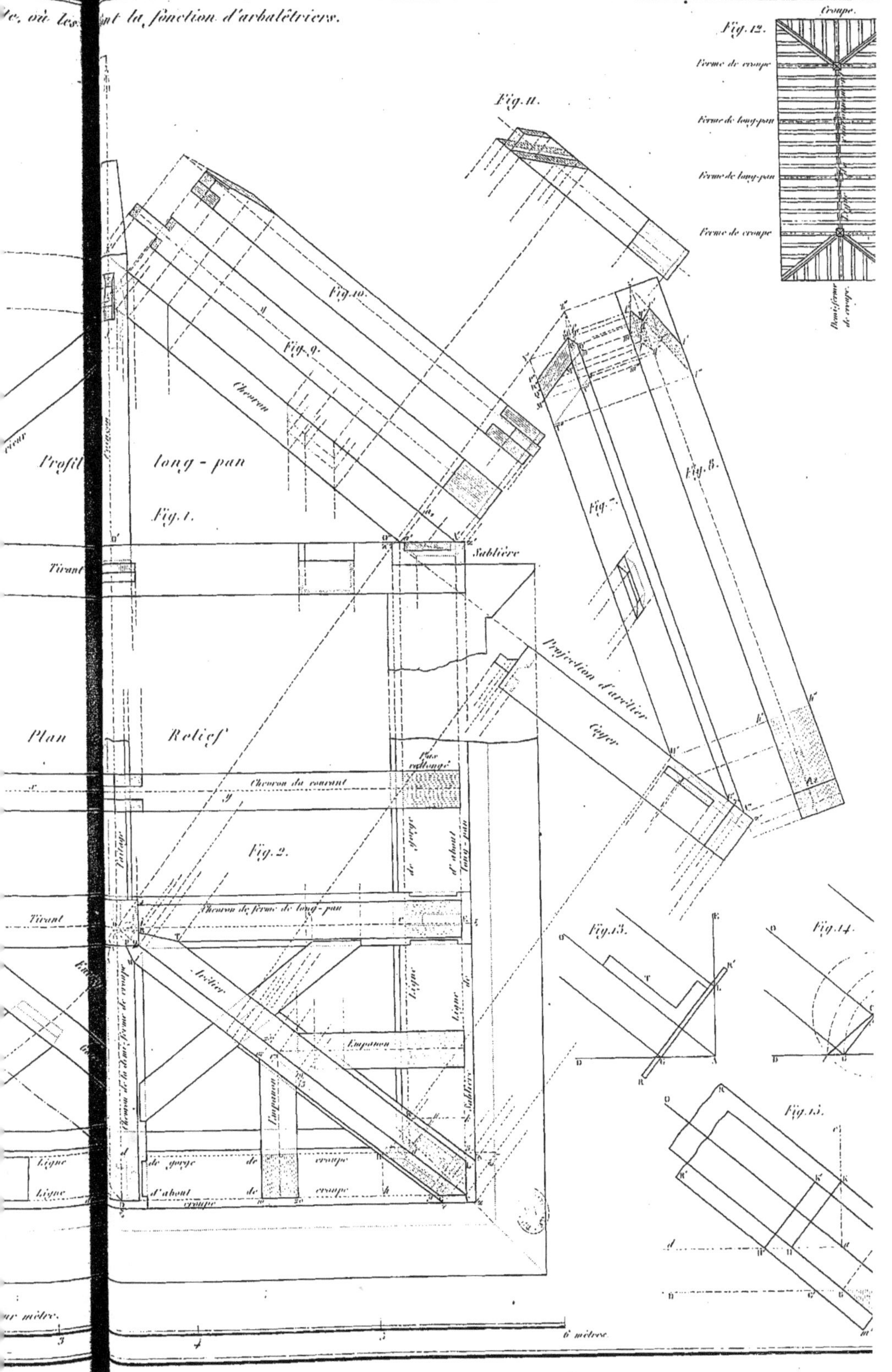

te, où les [illegible]nt la fonction d'arbalêtriers.
Fig. 12.
Croupe.
Ferme de croupe
Ferme de long-pan
Ferme de long-pan
Ferme de croupe
Demi-ferme de croupe
Fig. 11.
Fig. 10.
Fig. 9.
Chevron
Profil
long-pan
Fig. 1.
Tirant
Sablière
Fig. 8.
Fig. 7.
Projection d'arêtier
Empanon
Gigen
Plan
Relief
Pas rallongé
Chevron du courant
Fig. 2.
Tirant
Chevron de ferme de long-pan
Arêtier
Empanon
Empanon
Ligne de gorge de croupe
Ligne d'about de croupe
Fig. 13.
Fig. 14.
Fig. 15.
ur mètre.
3
4
5
6 mètres.

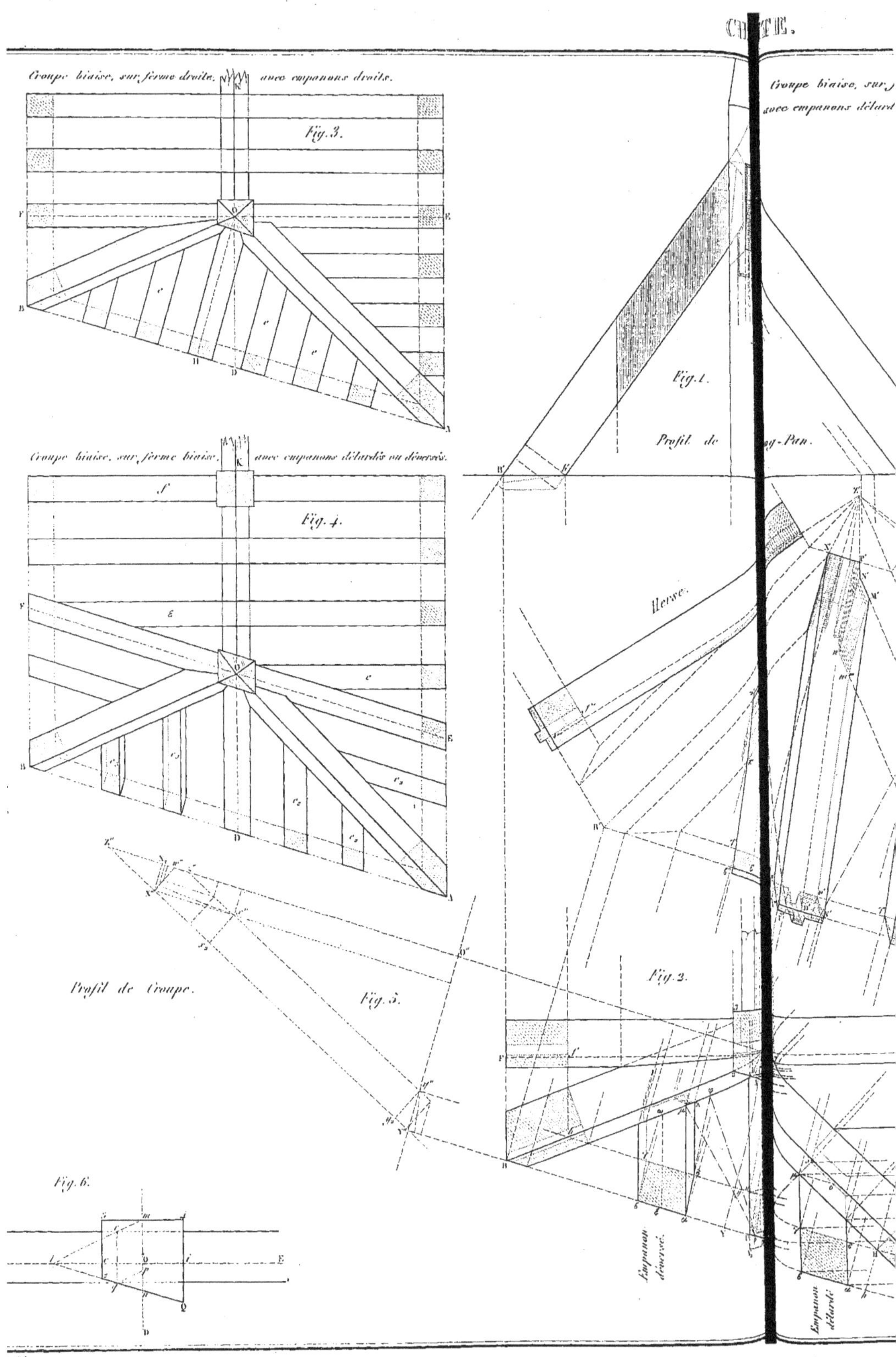
CROUPE.
Croupe biaise, sur ferme droite, avec empanons droits.
Fig. 3.
Croupe biaise, sur ferme biaise, avec empanons délardés ou déversés.
Fig. 4.
Profil de Croupe.
Fig. 5.
Fig. 6.
Croupe biaise, sur
avec empanons délard
Fig. 1.
Profil de
-Pan.
Herse.
Fig. 2.
Empanon déversé.
Empanon délardé.

CH…TE.

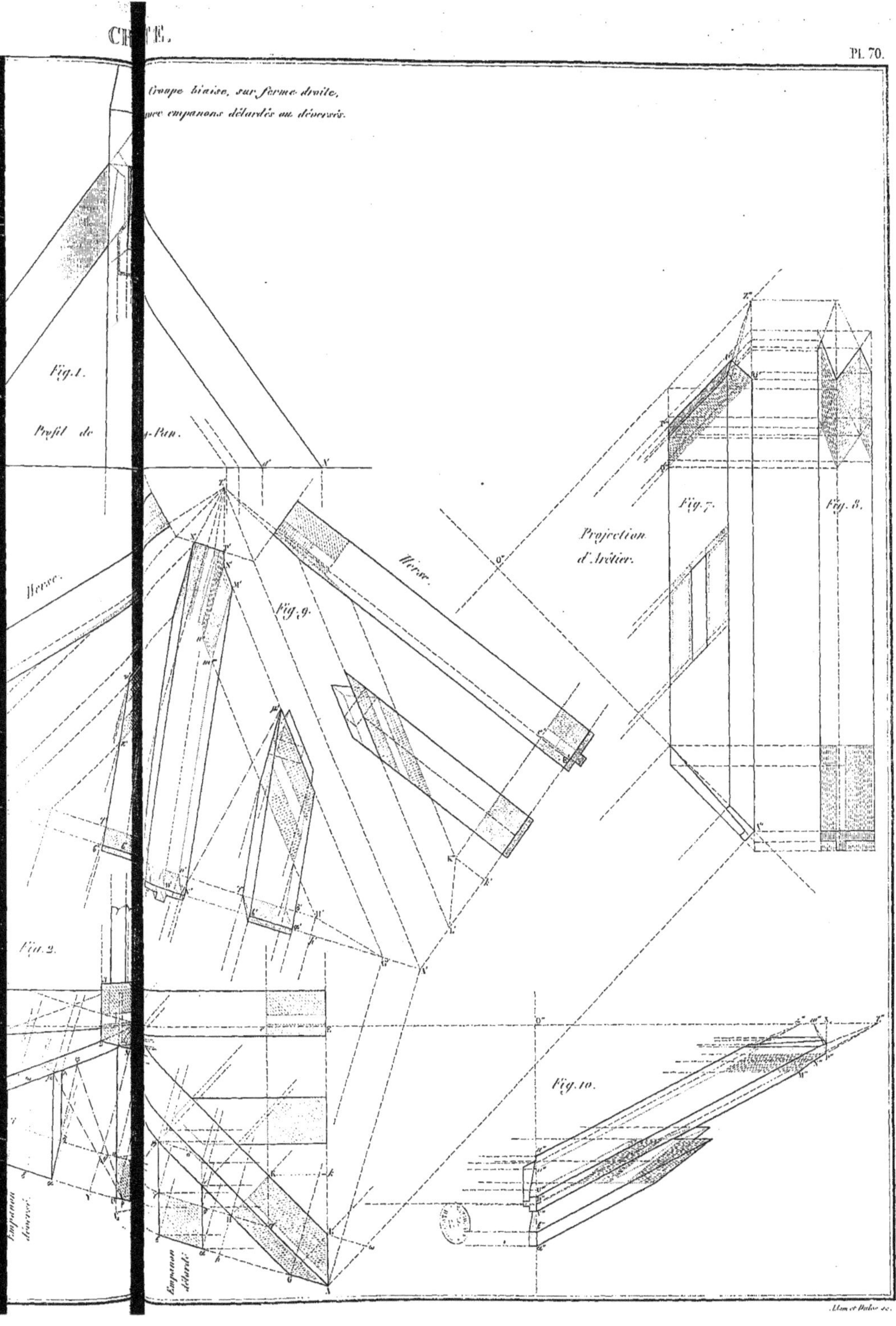

Alan et Dulos sc.

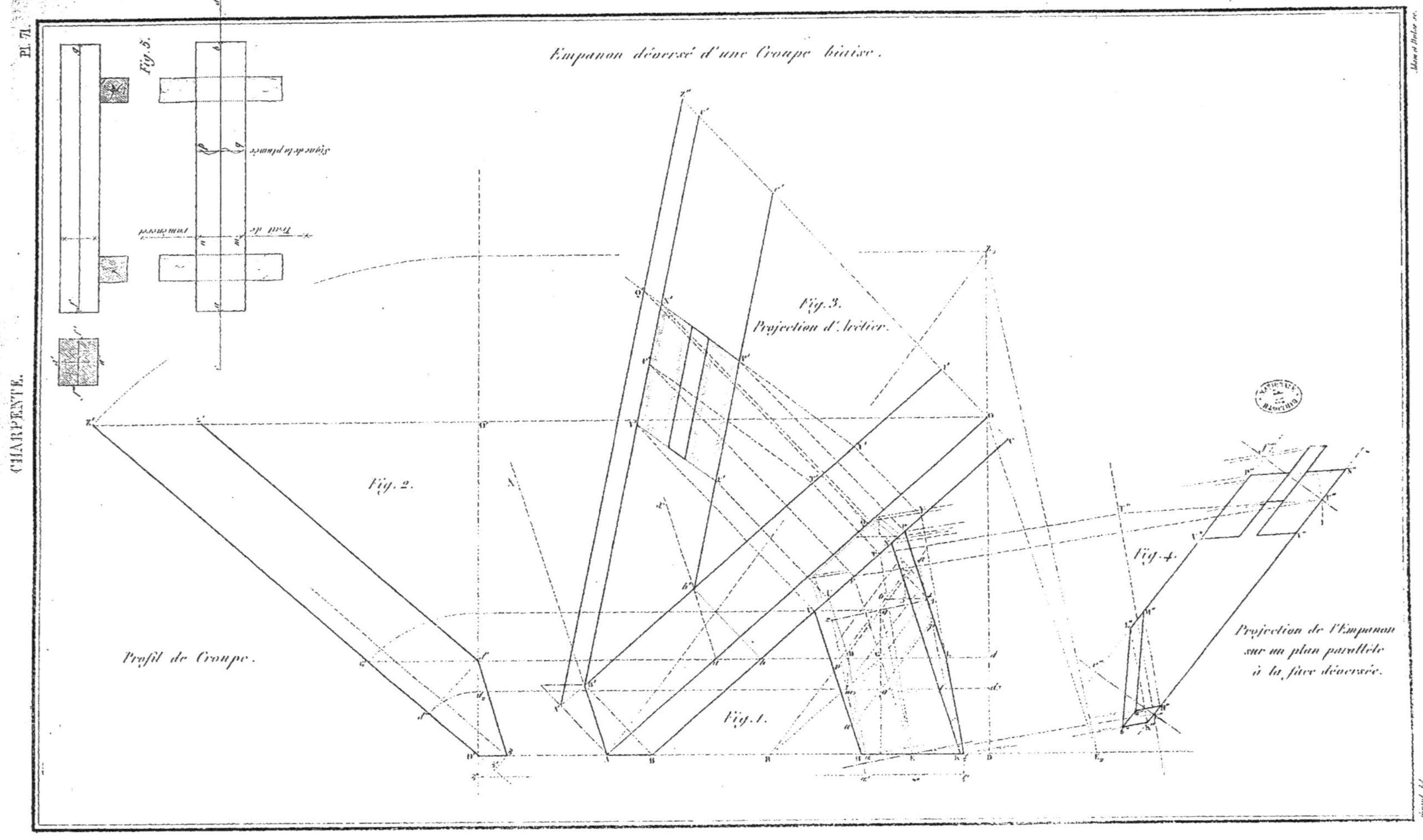
Empanon déversé d'une Croupe biaise.
Fig. 5.
Fig. 3.
Projection d'Arêtier.
Fig. 2.
Profil de Croupe.
Fig. 1.
Fig. 4.
Projection de l'Empanon
sur un plan parallèle
à la face déversée.

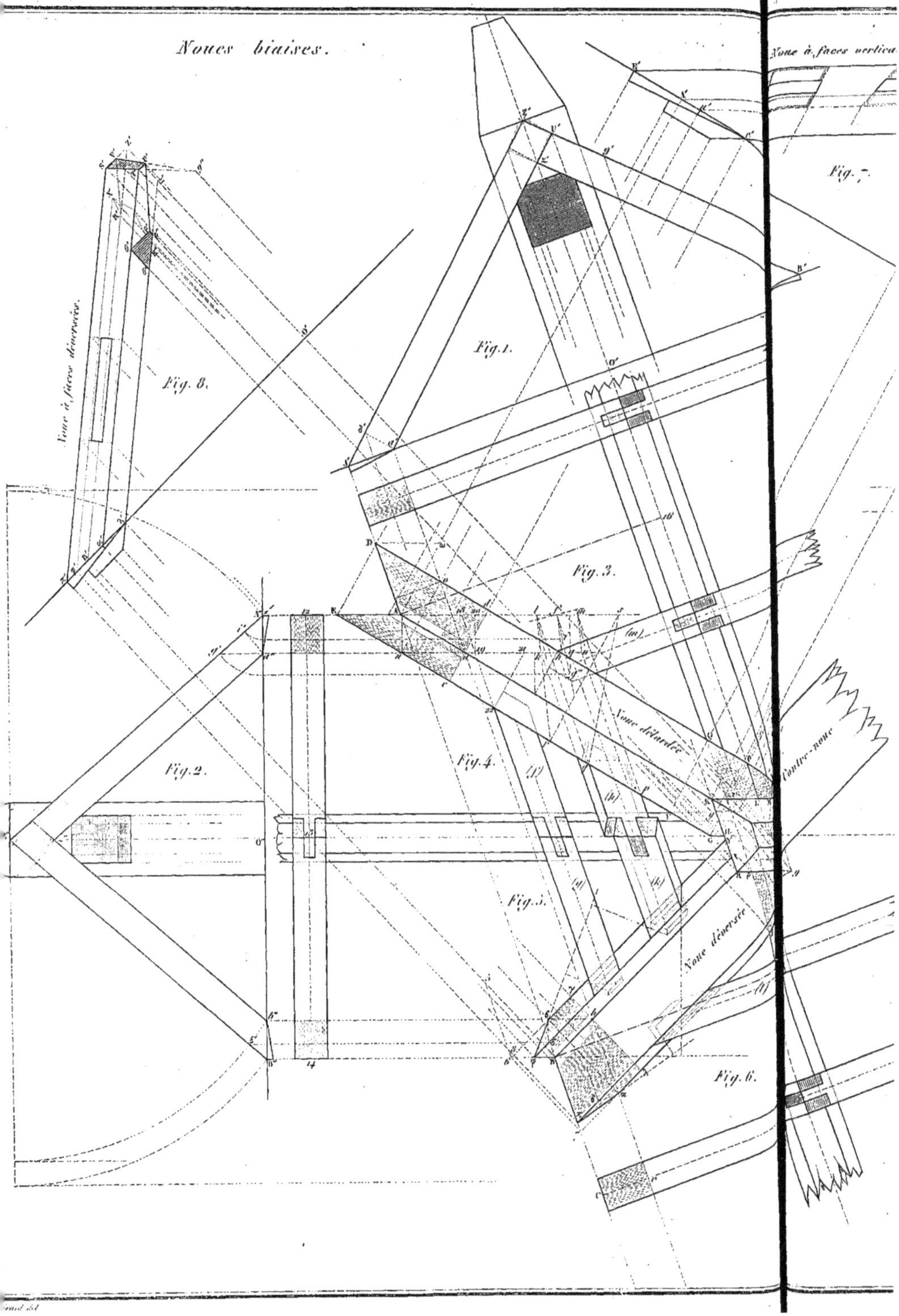

Noues biaises.

Noue à faces verticales

Fig. 7.

Fig. 1.

Fig. 8.

Noue à faces déversées

Fig. 3.

Fig. 2.

Fig. 4.

Noue délardée

Contre-noue

Fig. 5.

Noue déversée

Fig. 6.

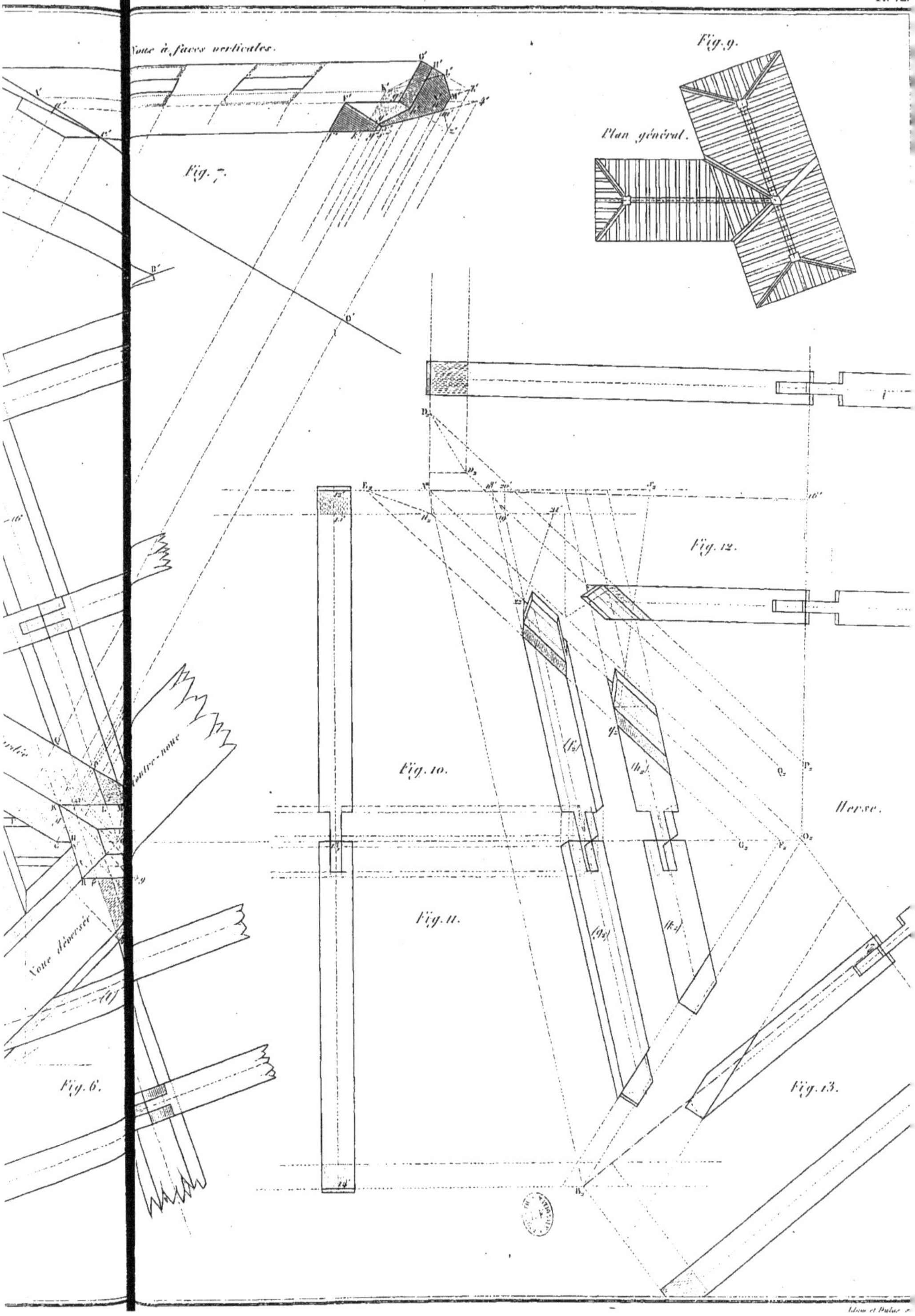

Noue à faces verticales.

Fig. 9.

Plan général.

Fig. 7.

Fig. 12.

Fig. 10.

Herse.

Fig. 11.

Noue déversée

Contre-noue

Fig. 6.

Fig. 13.

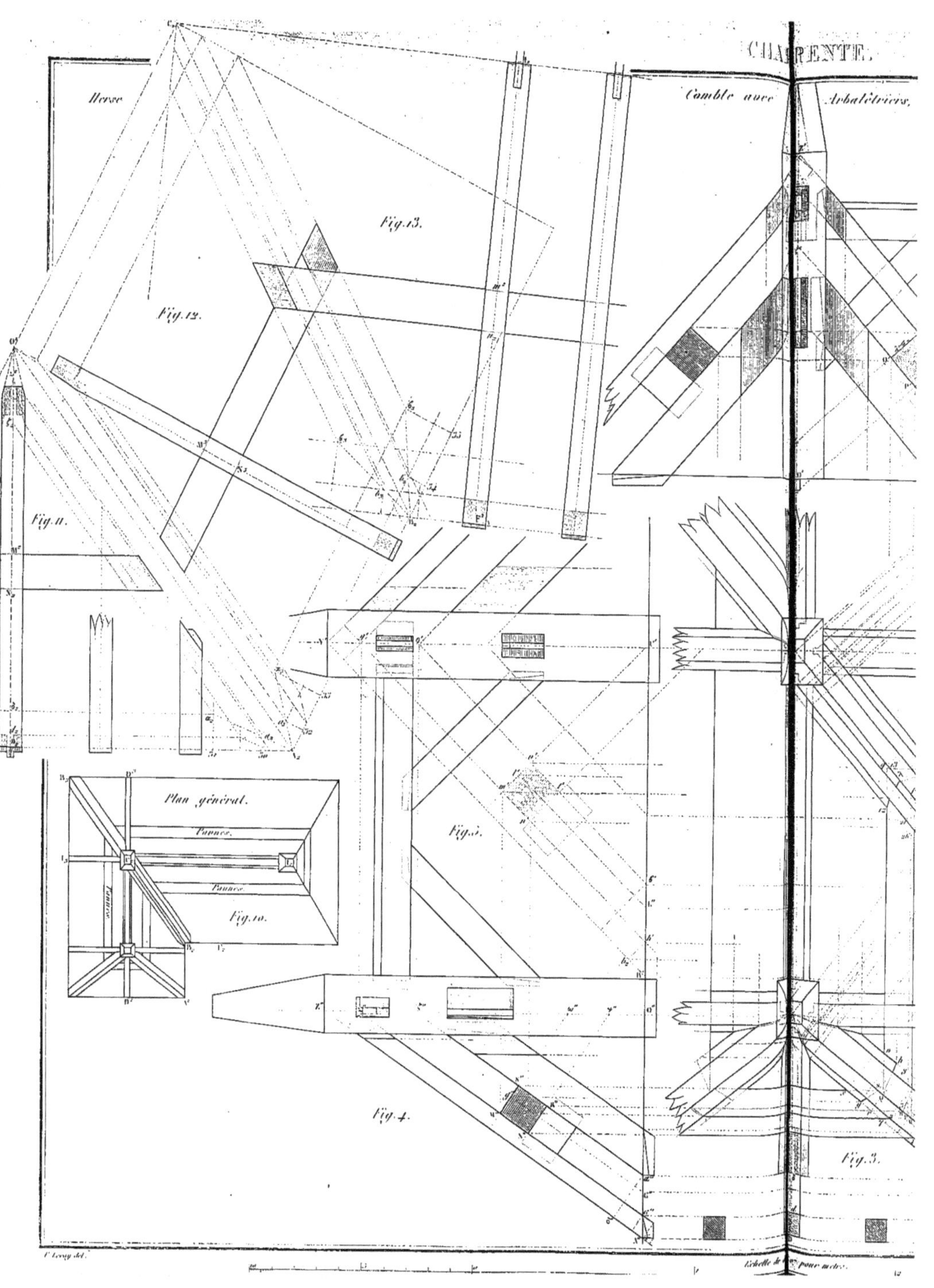
Herse
Comble avec Arbalétriers,
Fig. 13.
Fig. 12.
Fig. 11.
Plan général.
Pannes.
Pannes.
Pannes.
Fig. 10.
Fig. 5.
Fig. 4.
Fig. 3.
Echelle de pour metre.

Comble avec Arbalétriers, Pannes et Tasseaux.

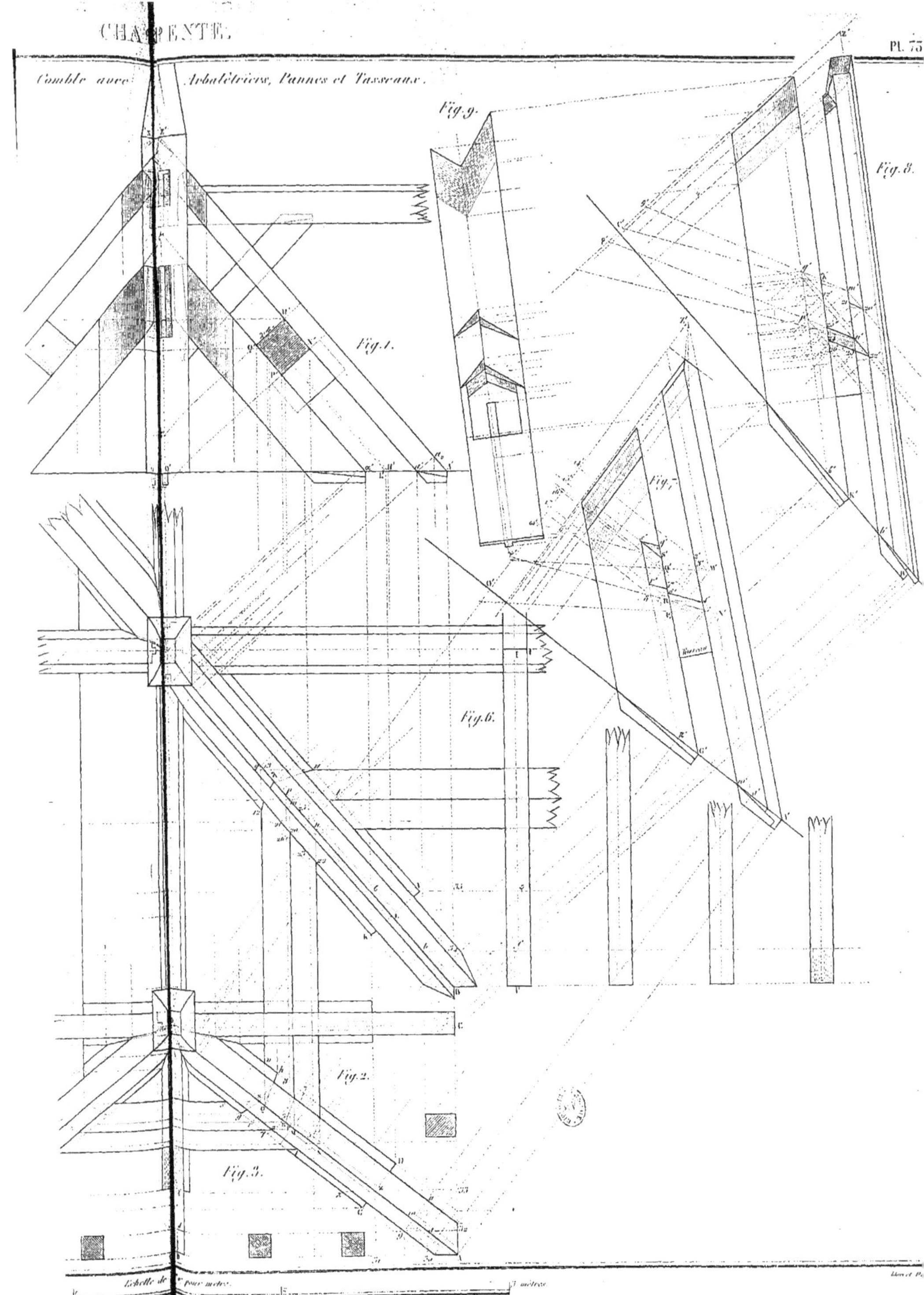

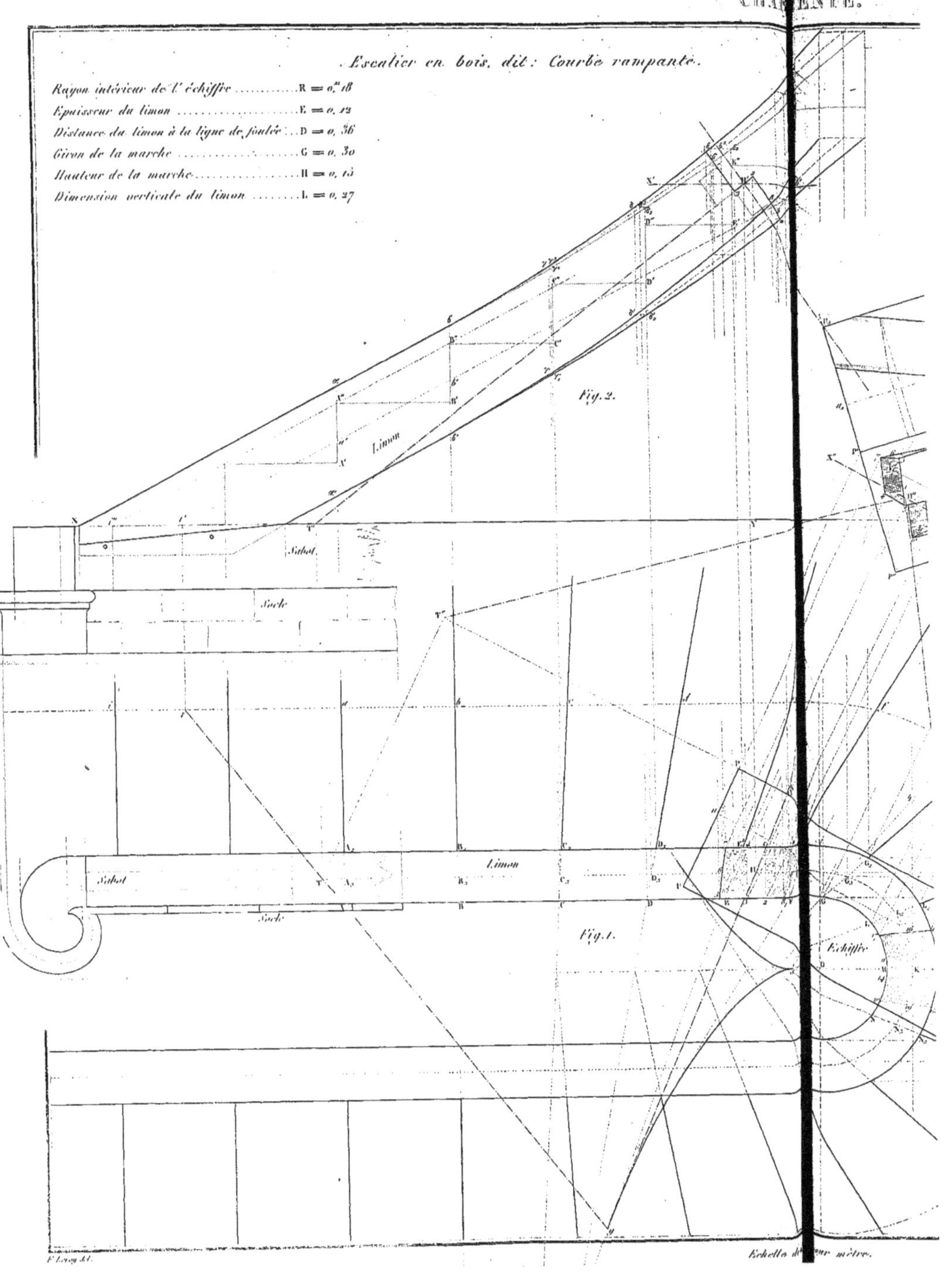
Escalier en bois, dit: Courbe rampante.
Rayon intérieur de l'échiffre ....R = o.m 18
Epaisseur du limon ....E = o, 12
Distance du limon à la ligne de foulée ...D = o, 36
Giron de la marche ....G = o, 30
Hauteur de la marche ....H = o, 15
Dimension verticale du limon ....L = o, 27
Limon
Sabot
Socle
Fig. 2.
Fig. 1.
Échiffre
Echelle de ... pour mètre.

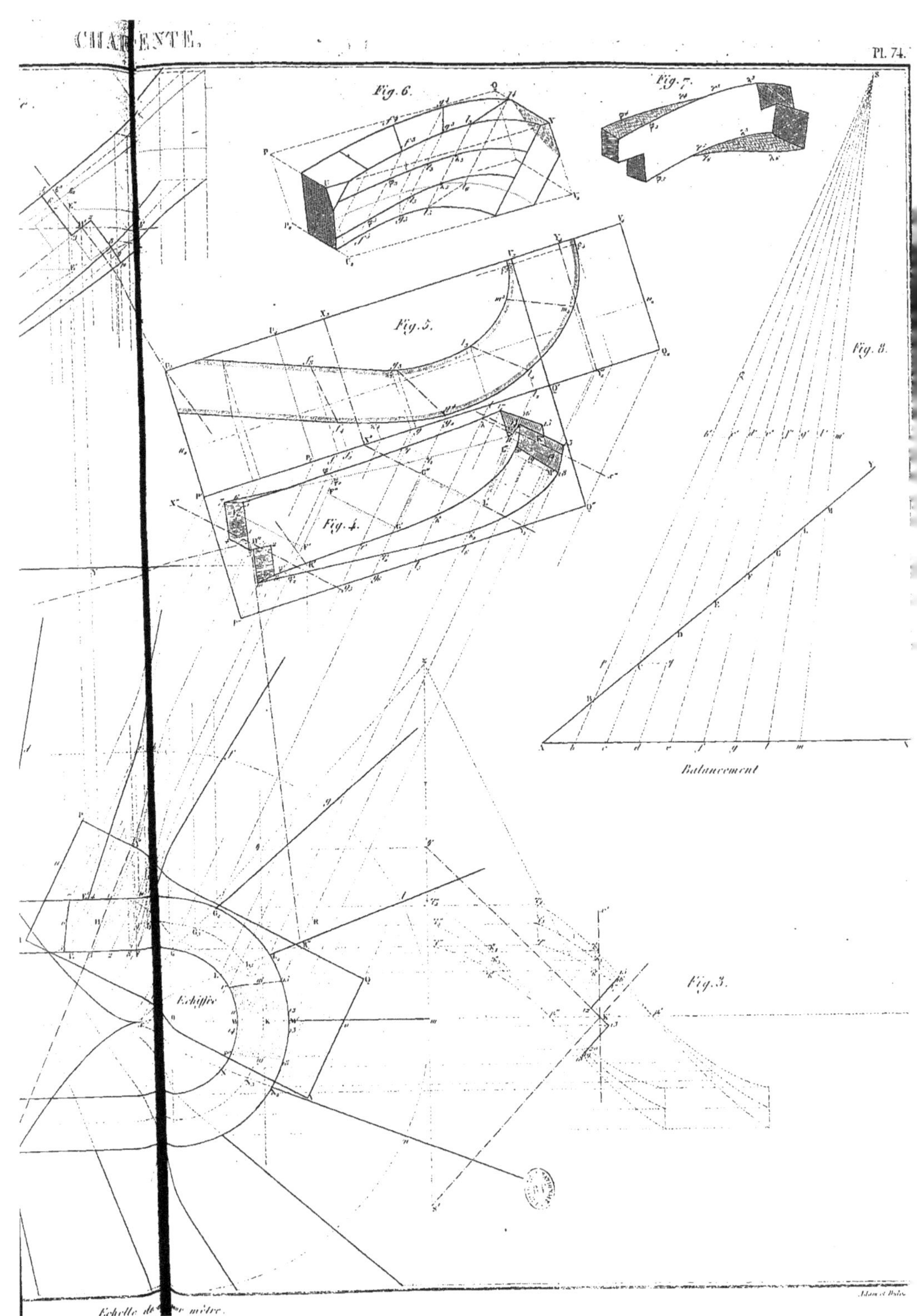
Fig. 6.
Fig. 7.
Fig. 5.
Fig. 4.
Fig. 8.
Balancement
Fig. 3.
Echiffre
Echelle de ... mètre.

www.ingramcontent.com/pod-product-compliance
Lightning Source LLC
Chambersburg PA
CBHW071240200326
41521CB00009B/1560

* 9 7 8 2 0 1 2 6 2 9 1 4 1 *